人工智能应用开发

——基于机器人平台的项目实践

马兴录　王剑峰　刘　扬　等编著

化学工业出版社
·北京·

内容简介

本书是一本基于机器人平台的实践类教程，重点瞄准人工智能技术在机器人中的应用开发。本书以树莓派智能车为载体，从智能车的组成入手，帮助读者熟悉智能车软硬件资源，然后一步步引导读者搭建 TensorFlow 的开发框架，结合视频传输实现机器视觉，再结合语音输入及手机 APP 实现语音识别，并介绍了脑机接口方面的简单应用。在此基础上，读者可自行开发更加智能的各类应用，如无人驾驶、物体识别、语音控制驾驶等。

本书通俗易懂、实用性强，既可作为计算机类、自动化类或机电类本科高年级学生的课程设计或实训类课程的教材使用，又可供相关专业人员尤其是初入门的人员参考，同时，本书也可作为机器人或人工智能相关比赛的参考用书。

图书在版编目（CIP）数据

人工智能应用开发：基于机器人平台的项目实践/马兴录等编著. —北京：化学工业出版社，2023.10

ISBN 978-7-122-44098-3

Ⅰ.①人… Ⅱ.①马… Ⅲ.①人工智能-应用-机器人-研究 Ⅳ.①TP242

中国国家版本馆CIP数据核字（2023）第164748号

责任编辑：王清颢
责任校对：刘曦阳　　　　装帧设计：王晓宇

出版发行：化学工业出版社（北京市东城区青年湖南街 13 号　邮政编码 100011）
印　　装：三河市延风印装有限公司
710mm×1000mm　1/16　印张 13　字数 224 千字　　2023 年 11 月北京第 1 版第 1 次印刷

购书咨询：010-64518888　　　　售后服务：010-64518899
网　　址：http：//www.cip.com.cn
凡购买本书，如有缺损质量问题，本社销售中心负责调换。

定　　价：79.80 元

前言 PREFACE

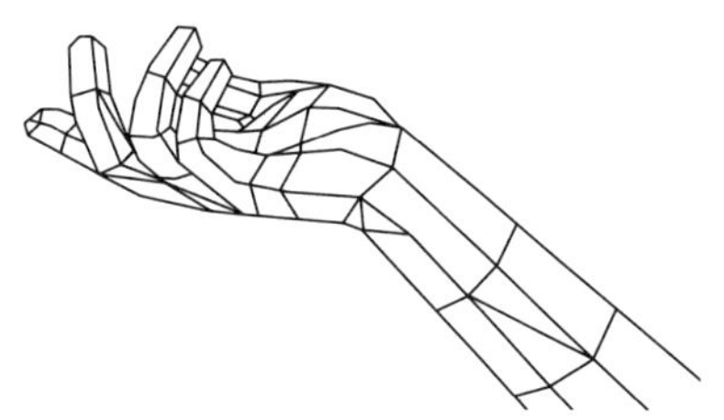

人工智能技术经过60多年的发展，已经在很多领域得到广泛应用，并逐渐引领新一轮产业的变革，推动人类社会进入智能化时代。党的二十大报告提出构建新一代信息技术、人工智能……等一批新的增长引擎，指出了发展人工智能的重要性，为人工智能领域的创新发展提供了重要指导。机器人作为人工智能技术的最佳载体，已逐步成为学习人工智能应用开发的最佳平台，并逐步融入大学的课程体系中。

2014年，笔者有幸参加了美国亚利桑那州立大学陈以农教授关于计算机导论课程中应用机器人平台的相关培训，并对机器人平台在教学中的应用产生了浓厚兴趣。青岛科技大学信息科学技术学院在院长刘国柱教授的组织下，成立了机器人教学团队，进行了机器人设备的研发、教材教学资源的开发等工作。

团队积极学习贯彻党的二十大精神，深入推进新时代人才培养，不断创新教学模式，培养具有创新意识和实践能力的高素质人才。2017年，团队将机器人教学平台融入软件工程专业的人才培养方案中，将智能车、机械臂、人形机器人等设备与专业课程相结合，构建了创新型课程体系，为学生创新能力的培养奠定了基础。

本书由笔者带领青岛科技大学机器人教学团队根据近几年的教学及创新比赛

经验编写而成。首先，团队自主设计了基于树莓派的智能车，开发了中间件软件，与 VIPLE 图形化编程工具集成在一起，为大一学生学习机器人编程奠定了基础。而且，团队在智能车的基础上，使用 C/C++ 及 Python 等编程语言开发了更多的人工智能应用，积累了大量的教学资源。本书对这些教学资源进行了梳理。第 1 章介绍了人工智能相关基础知识，让读者对最新的人工智能技术有一个清晰的概要了解；第 2 章介绍了智能车的软硬件组成，为后续开发奠定基础；第 3 章介绍了人工智能相关开发框架，以 TensorFlow 框架为主；第 4 章则主要介绍机器视觉方面的实现；第 5 章以语音处理的实现为主；最后一章则介绍了脑机接口方面的简单应用，为读者拓展思路，提供更多人工智能开发的方向。

本书第 1、2 章由马兴录编写；第 3 章由刘扬编写；第 4 章由孙振负责编写；第 5 章由李德奎负责编写；第 6 章由陶冶编写；王剑峰负责书中代码的整理与验证。全书由马兴录统稿，学校图书馆的赵孝芬进行了文字校对。部分研究生参与了书稿编写与校对工作，在此一并表示感谢！

马兴录

2023 年 8 月

目录 CONTENTS

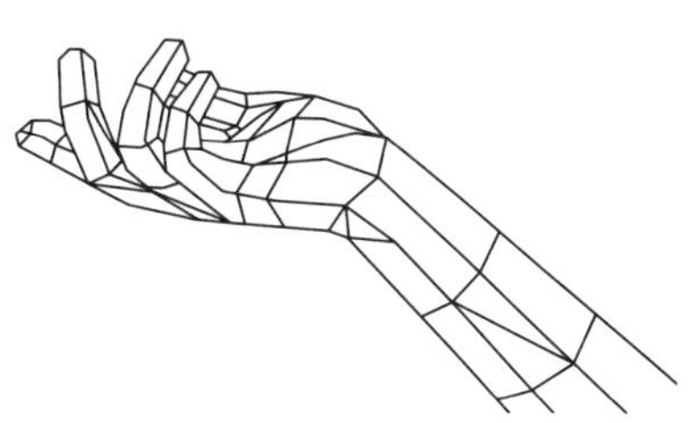

第 1 章

人工智能应用开发概述

思维导图

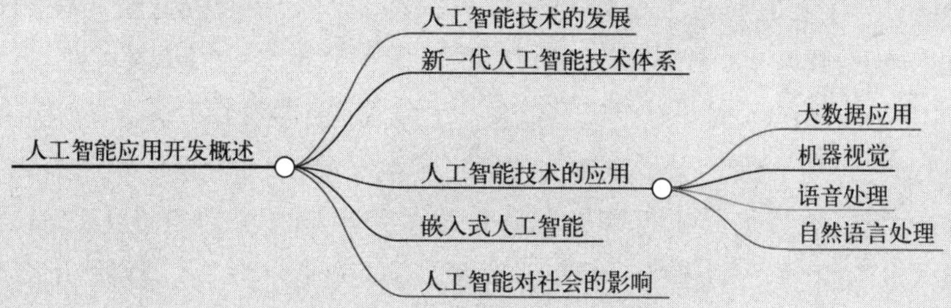

人工智能技术的发展经历了多次高潮和低谷。深度学习的出现再次引领了人工智能技术的高潮。尤其是深度学习算法在图像分类、识别等领域的广泛应用，为人工智能技术的实际应用打下了坚实基础。

尽管目前的人工智能技术还远未达到“强人工智能”的水平，但在某些领域的应用已经达到甚至超过了人类的能力，比如图像分类、图形识别、语音识别等。而这些应用所带来的影响已经足以引起行业结构的调整，推动行业应用的变革。因此，我们目前可以看到“人工智能 +”的趋势逐渐兴起。

虽然人工智能的理论研究尚未完善，应用技术也在不断探索中，但将当前的人工智能技术应用于各行各业已经成为近年来的发展趋势。各种神经网络算法和实现技术层出不穷，不断推动着人工智能技术的深层次应用。

本章对当前的人工智能应用技术进行了梳理，旨在让读者对当前的人工智能技术有一定的了解，能够根据具体的应用需求选择适合的技术方案。

1.1 人工智能技术的发展

自 1946 年世界上第一台电子计算机 ENIAC 诞生以来，科学家们开始思考如何利用机器模拟人类的智能。1950 年，阿兰 · 图灵在他的论文《计算机器与智能》中提出了一种具有划时代意义的思想实验，被称为“图灵测试”。

图灵测试是通过对话来测试机器是否具备人类智能的方法。在测试中，测试者和被测试者（一个人和一台机器）被隔开，测试者通过某种装置（如键盘）随机向被测试者提问。经过多次测试后，如果机器让每个参与者出现超过 30% 的误判，那么这台机器就被认为通过了图灵测试，具备了人类智能。

图灵测试被视为人工智能发展历程中的里程碑，标志着人工智能领域的起点。它引发了人们对于机器是否能够模拟人类智能的关注，并推动了机器智能化的探索。

1956 年夏天，在美国达特茅斯学院举行的会议上，麦卡锡、明斯基等科学家首次提出了“人工智能（artificial intelligence，AI）”的概念，这标志着人工智能学科的诞生。自此以后，人工智能经历了几次发展的高潮和低谷。

第一次发展高潮是在 1956 年到 20 世纪 80 年代初。人工智能概念刚被提出时，基于知识的符号主义得到了广泛应用，并取得了一系列引人注目的研究成果，例如机器定理证明和跳棋程序。这一时期掀起了人工智能发展的第一个高潮。然而，随后的研究和尝试遇到了一连串的失败，而且预期目标未能实现，导致人工智能的发展陷入低谷。

第二次发展高潮是在 20 世纪 80 年代到 20 世纪 90 年代。随着人工神经网络等数学模型的突破以及 LISP（一种通用高级计算机程序语言）专家系统开发语言的出现，专家系统开始模拟人类专家的知识和经验，解决特定领域的问题，这使得人工智能从理论研究走向实际应用，专门知识的应用得到了重大突破。专家系统在医疗、化学、地质等领域取得了成功，推动了人工智能应用的新高潮。然而，随着人工智能应用规模的扩大，专家系统也暴露出了一些问题，如应用领域狭窄、缺乏常识性知识、知识获取困难、推理方法单一、缺乏分布式功能等。

第三次发展高潮是在 21 世纪初至今。随着互联网的快速发展和信息技术的进步，大数据的快速增长以及计算能力的大幅提升，人工智能在 21 世纪初展现出了前所未有的发展势头。尤其是在 2006 年深度学习模型提出后，机器学习算法的持续优化和数据量的快速增长，使得新一代人工智能在某些特定任务上展现出达到甚至超越人类的工作能力。人工智能的应用范围也得到了极大的扩展，人工智能进入了新的发展阶段。

总的来说，自从人工智能的概念提出以来，它的发展经历了多次高潮和低谷。随着技术的不断进步和应用场景的不断扩大，人工智能的发展迈入了一个新的阶段，为我们的社会和生活带来了巨大的影响和机遇。

1.2 新一代人工智能技术体系

新一代人工智能以数据驱动、算力提升和算法更新为主要特点。它建立在大数据、GPU（图形处理器）架构、云计算、深度学习和强化学习等技术基础上，并借助开源框架的支持，共同构建起新一代人工智能的技术体系。人工智能技术框架如图 1-1 所示。

当前，各类人工智能应用程序主要基于开源的深度学习软件框架进行开发。这些框架包括 Google 的 TensorFlow、Facebook 的 PyTorch、百度的 PaddlePaddle 等，它们提供了丰富的工具和库，简化了算法设计和模型构建的复杂性，使开发者能够更快速地搭建和训练人工智能模型。

深度学习是当前人工智能发展的核心动力，它通过构建深层的神经网络

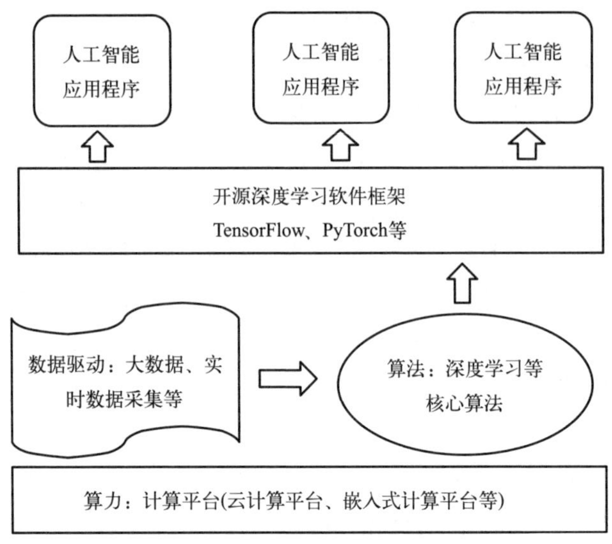

图 1-1 人工智能技术框架

模型，利用大量数据进行训练和学习，实现了在图像识别、语音处理、自然语言处理等任务上的突破。随着计算平台算力的快速增长，深度神经网络模型的层数和节点数也得以大幅增加，进一步提升了人工智能的性能。

在计算平台中，增加 GPU 或 NPU（神经网络处理器）可以显著提高某些深度学习算法的运行速度。例如，NVIDIA 的 Jetson Nano 板卡集成了 4 核 Cortex A57 CPU 和 128 核 Maxwell GPU，适合在嵌入式计算平台上运行深度学习算法。

1.3 人工智能技术的应用

人工智能技术的应用发展是伴随着人工智能理论和技术的进步而不断推进的。本次人工智能的发展高潮使得大部分人工智能技术得以实际应用并取得了重要的突破，从而带来了新一轮的应用高潮。

回顾前两次人工智能的发展，每次都是伴随着理论和技术的发展，人工智能的发展进入高峰期，但由于应用得不理想，很快进入了低谷期。然而，其中一些技术，它在实际应用中取得了较好的成果。例如，从 20 世纪 70 年代开始发展的智能控制技术，它代表了人工智能在应用方面的努力，自适应控制、模糊控制、数字神经网络、模糊神经网络等技术都是人工智能在理论和应用方面的探索成果。

而随着深度学习模型的诞生，第三次人工智能浪潮以应用落地为主要标志，在许多领域取得了令人振奋的应用效果。

1.3.1　大数据应用

大数据（big data）或称巨量资料，是指无法通过传统软件工具在合理时间内进行获取、管理、处理和分析的大或复杂的数据集。在这种情况下，人工智能算法可以发挥重要作用，通过智能化的方法从海量数据中挖掘出有价值的应用信息。

1.3.2　机器视觉

机器视觉（machine vision）是基于计算机视觉（computer vision）的技术，它能够自动地获取和分析特定图像，以控制相应的行为。计算机视觉是模拟生物视觉的一种方法，通过计算机及相关设备对采集的图像或视频进行处理，以获取场景的三维信息。

计算机视觉主要依赖于图像处理、模式识别和人工智能等技术，着重于对一张或多张图像进行计算机分析。计算机视觉为机器视觉提供了理论基础和算法基础，而机器视觉则提供了传感器模型、系统构建和实现手段，实现了计算机视觉的具体应用。

计算机视觉的实现涉及图像处理、模式识别（包括图像识别）、场景分析、图像理解和行为理解等领域。它还包括对空间形状的描述、几何建模和认知过程的研究。

目前，机器视觉开发中最常用的软件是OpenCV。OpenCV是一个开源的计算机视觉和机器学习软件库，用于实现图像采集、图像处理等功能，可以实现大部分机器视觉的应用需求。当然，如果需要个性化的计算机视觉算法，可以基于深度学习框架进行模型训练和调用，以满足特定的需求。

1.3.3　语音处理

人类语音作为一种信息丰富的信号载体，承载着丰富的语义、情感、语

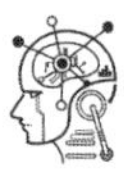

种和方言等信息。对于机器来说，分离和理解这些信息就是语音处理的目标。

随着人工智能技术的不断发展，机器学习领域涌现了许多新技术和新算法，尤其是新型神经网络和深度学习技术的兴起。这些新技术极大地推动了语音处理的发展，使得对语音信息进行精细分析成为可能，并显著提高了语音识别的准确率。

1.3.4 自然语言处理

自然语言处理（natural language processing，NLP）是一门将语言学、计算机科学和数学相结合的交叉学科，旨在解释和处理人类自然语言的算法和技术。它是人工智能应用的重要方向之一。目前，NLP 技术已经在许多领域得到广泛应用，例如苹果手机的 Siri 可以从语音中提取关键信息并执行相应操作，百度翻译可以实现多语言之间的自动翻译。

自然语言处理主要涉及两个核心任务：自然语言理解（natural language understanding，NLU）和自然语言生成（natural language generation，NLG）。自然语言理解旨在使计算机像人类一样理解以自然语言为载体的文本所包含的信息，从而能够进一步完成特定语言领域的任务。自然语言生成则是使计算机具有与人类一样的表达和写作能力，根据关键信息和内部的表达形式，自动生成高质量的自然语言文本，如机器翻译，既需要进行自然语言理解，又需要生成另一种自然语言。

在自然语言处理中，通过使用大量的文本数据训练深度学习模型，可以生成自然语言文本或理解语言文本的含义，这种模型被称为大语言模型（large language model，LLM）。当模型的规模超过特定的临界值时，就会出现大语言模型的“涌现”现象，即模型展现出较小模型所不具备的能力。这些能力包括基础的社会知识、上下文学习、推理等，在训练参数和数据量超过一定数值后，这些能力会突然显现出来，使得人工智能变得非常智能。大语言模型涌现的能力意味着它们具有可以进一步扩展语言模型的功能。大语言模型可以处理文本分类、问答、对话等多种自然语言任务，是通向人工智能的重要途径。

OpenAI 于 2022 年 11 月发布的 ChatGPT 就是大语言模型的优秀代表之一。它能够通过理解和学习人类语言进行对话，并根据上下文进行互动，实现类似人类的聊天交流，甚至能够完成撰写邮件、视频脚本、文案，翻译，编写代码，写论文等任务。各大公司也在研发和发布类似的应用，这些应用极大地提升了人工智能在自然语言理解方面的能力，对相关领域产生了深远的影响。

1.4　嵌入式人工智能

人工智能的应用离不开嵌入式系统。在当前人工智能的发展中，计算能力的提升起到了关键作用。典型的人工智能应用，如机器视觉和语音识别，需要进行大量的神经网络计算来实现。然而，许多应用场景的计算能力是有限的，例如机器人内部的计算设备、工厂设备内部的控制器等，它们大多无法满足人工智能算法的计算要求。因此，嵌入式人工智能（embedded artificial intelligence）应运而生。

嵌入式 AI 的目标是在计算能力受限的嵌入式设备中实现相应的人工智能算法，以满足应用的需求。嵌入式系统是以应用为中心、以计算机技术为基础的专用计算机系统，它具有软硬件可裁剪、特定功能、可靠性高、低成本、高效率、体积小和低功耗等特点。

嵌入式 AI 是嵌入式系统技术和人工智能应用技术的结合，旨在平衡有限的计算能力和对高计算能力的人工智能算法需求，以满足应用的需求。嵌入式 AI 的实现，通常建立在高性能的嵌入式计算机上，如嵌入式树莓派电脑、NVIDIA 嵌入式开发板（内置 GPU）、嵌入式工控机等系统，它们通常使用嵌入式 Linux 操作系统，并搭建人工智能应用框架，如 TensorFlow、PyTorch 等，然后在此基础上开发各种 AI 应用。

嵌入式 AI 的典型应用场景包括智能机器人、各类智能硬件等。嵌入式 AI 的研究主要集中在以下几个方面：

① 提高硬件性能，以满足 AI 算法的计算需求，例如研制各类专用芯片、集成更多的 GPU 或 NPU 等。

② 降低 AI 算法的复杂度，提高算法效率，例如优化 YOLO 视觉算法等。

③ 利用网络和云计算等其他计算资源，以满足 AI 的计算需求。

通过不断地研究和创新，嵌入式 AI 的发展将为各行各业提供更多智能化的解决方案，并推动人工智能在嵌入式设备中的广泛应用。

1.5　人工智能对社会的影响

人工智能的发展与人类的思维方式、行为习惯等密切相关，对社会产生

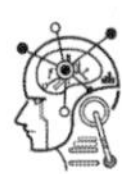

的影响也更加深入和广泛。因此，在开发人工智能应用时，我们应该关注该技术对社会、经济、法律、道德等方面产生的诸多影响，并做出合理的判断和决策。

在人工智能技术对社会影响方面，有几个主要因素需要考虑：

① 强人工智能与弱人工智能。目前的人工智能技术被认为是弱人工智能，其性能在某些方面可能超过人类，但远未达到强人工智能的标准。因此，一些关于人工智能将取代人类或与人类形成智能对立的观点还为时过早。尽管如此，我们应该关注人工智能技术潜在的风险，并探讨与解决可能出现的问题。

② 技术不完善引发的风险。当前的人工智能技术在许多方面还不完善和成熟。神经网络内部的不可解释特性使得人工智能技术产生的错误难以追溯和避免。此外，人工智能技术对常识性知识的理解和掌握仍存在困难，可能导致一些荒谬或危险的结果。因此，在开发人工智能应用时，我们必须考虑技术不完善可能引发的后果，并采取相应的措施进行规避和改进。

③ 伦理与观念方面的冲击。人工智能技术带来了一系列挑战人类伦理道德规范的功能。例如，在图像处理领域，人工智能技术可以合成具有高仿真度的虚假图像或视频；语音合成技术可以生成高度仿真他人的语音。作为开发者，我们应该控制技术的应用范围，将其限定在符合法律规定和伦理、道德的范围内，确保技术真正为人类服务，而不是挑战或逾越法律和道德的底线。

④ 相关法律法规的遵守与制定。人工智能技术的发展也需要与法律法规相结合。人工智能领域的立法已经在许多国家开始，并逐步完善。例如，我国于 2021 年 11 月 1 日开始实施的《中华人民共和国个人信息保护法》与人工智能技术的应用密切相关。作为开发者，我们需要了解和遵守相关的法律法规，并积极参与法规的制定和完善过程。

总之，人工智能技术的应用需要综合考虑其对社会的影响，关注技术的局限性和潜在风险，遵循法律规范和伦理、道德，以确保人工智能的发展与应用符合社会的利益和价值观。

第 2 章

智能车平台

思维导图

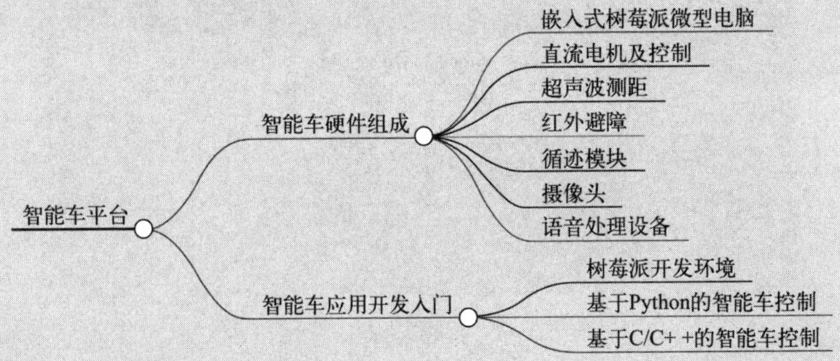

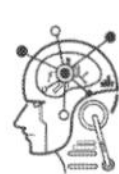

机器人是人工智能应用的最佳载体，智能车作为机器人的一类，具备智能检测、运动控制、路径规划、视觉识别、语音控制等功能。本书介绍了如何基于一款常见的智能车平台，以树莓派电脑为核心控制板，逐步搭建人工智能开发环境，构建常用的人工智能应用。

本章介绍基于树莓派的智能车平台，及其硬件组成、工作原理、环境搭建、编程入门等，为读者学习后续的开发奠定基础。

2.1 智能车硬件组成

智能车采用 4 轮直流电机驱动，以树莓派核心板为核心，具备红外避障检测、超声波测距、黑白线条循迹、摄像头机器视觉及语音输入控制等功能。其硬件组成如图 2-1 所示。

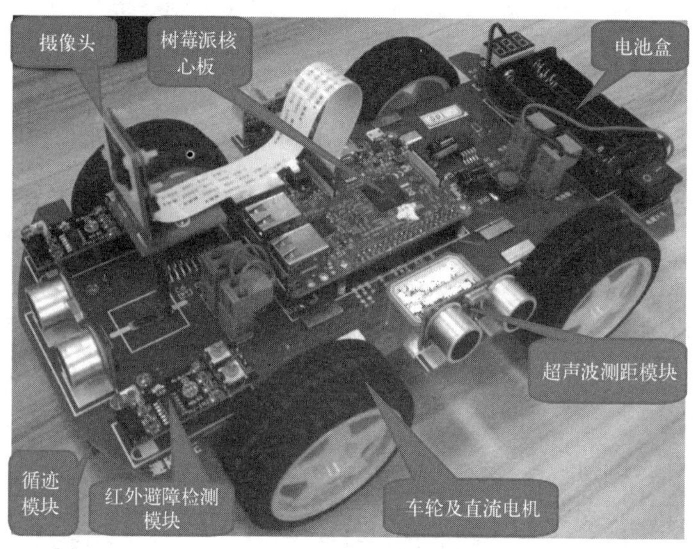

图 2-1 智能车的硬件组成

智能车采用 4 轮驱动模式，每个车轮由一个直流电机控制。直流电机使用 PWM（脉宽调制）控制转速。转向功能通过调整左右轮速差实现。

车头位置有红外避障模块，可检测 30cm 内的障碍物，输出 TTL 电平信号。

车头下方有光线传感器，用于检测地面的黑白线条，实现循迹功能。

车头正中和车身两侧中间位置各有 1 个超声波测距模块，其可检测 450cm

内的障碍物。

智能车配备USB高清摄像头和内置麦克风。摄像头最高分辨率为1280×720[1]，感光元件类型为CMOS。摄像头用于机器视觉，麦克风用于语音识别，提供人工智能开发基础。

智能车使用锂电池供电，支持在线充电功能。编程调试时可进行充电，运动时需拔掉充电线。

2.1.1　嵌入式树莓派微型电脑

树莓派微型电脑是一款由英国Raspberry Pi基金会推出的迷你电脑（图2-2）。它的尺寸仅为信用卡大小，是世界上最受欢迎的单板计算机之一。树莓派采用ARM架构，运行Linux操作系统，并使用SD/MicroSD卡作为系统硬盘。

图2-2　树莓派电脑

树莓派主板上配备了1～4个USB接口和一个以太网接口，可以连接键盘、鼠标和网线；它还具有视频模拟信号的电视输出接口和HDMI高清视频输出接口，所有这些部件都集成在一个比信用卡稍大的主板上。其具备基本的PC功能。

树莓派4B核心控制板配置如下：

ARM Cortex-A72 1.5GHz四核处理器；

Broadcom VideoCore VI@500MHz GPU；

内置2.4GHz/5GHz双频WiFi；

内置低功耗蓝牙5.0适配器；

2个USB3.0接口和2个USB2.0接口；

千兆有线网口1个；

双通道MIPI CSI摄像头接口；

2个micro-HDMI接口等。

树莓派电脑提供40针的双排插针（如图2-3所示），与智能车的车体电

[1] 书中分辨率的单位不做特殊说明的均为像素。

路板连接，从而与各传感器及电机控制器相连，实现信号检测与运动控制。

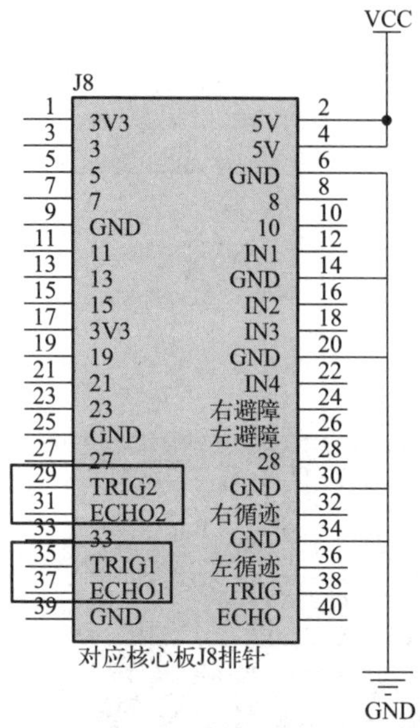

注：TRIG1、ECHO1对应小车左边的超声波；
TRIG2、ECHO2对应小车右边的超声波；
驱动控制信号: IN1、IN2、IN3, IN4；
超声波接口: TRIG、ECHO

图 2-3　树莓派核心控制板 40 针连接器

在树莓派的 Linux 系统中，可通过 WiringPi 函数库实现树莓派电脑引脚的访问操作。安装好 WiringPi 之后，系统中就添加了头文件和库，同时也安装了命令行工具。在 shell 中可以用 gpio readall 命令获取到以下信息，见图 2-4。

Pi 3

BCM	wPi	Name	Mode	V	Physical		V	Mode	Name	wPi	BCM
		3.3v			1	2			5v		
2	8	SDA.1	IN	1	3	4			5V		
3	9	SCL.1	IN	1	5	6			0v		
4	7	GPIO. 7	IN	1	7	8	0	IN	TxD	15	14
		0v			9	10	1	IN	RxD	16	15
17	0	GPIO. 0	OUT	0	11	12	0	OUT	GPIO. 1	1	18
27	2	GPIO. 2	IN	0	13	14			0v		
22	3	GPIO. 3	IN	0	15	16	0	IN	GPIO. 4	4	23
		3.3v			17	18	0	IN	GPIO. 5	5	24
10	12	MOSI	IN	0	19	20			0v		
9	13	MISO	IN	0	21	22	0	IN	GPIO. 6	6	25
11	14	SCLK	IN	0	23	24	1	IN	CE0	10	8
		0v			25	26	1	IN	CE1	11	7
0	30	SDA.0	IN	1	27	28	1	IN	SCL.0	31	1
5	21	GPIO.21	IN	1	29	30			0v		
6	22	GPIO.22	IN	1	31	32	0	IN	GPIO.26	26	12
13	23	GPIO.23	IN	0	33	34			0v		
19	24	GPIO.24	IN	0	35	36	0	IN	GPIO.27	27	16
26	25	GPIO.25	IN	0	37	38	0	IN	GPIO.28	28	20
		0v			39	40	0	OUT	GPIO.29	29	21

图 2-4　WiringPi 访问树莓派引脚的顺序

如物理引脚第 40 脚，在 WringPi 函数库中的顺序为 29，可利用 C 语言进行操作如下：

```
#include <wiringPi.h>
...
    pinMode(29, OUTPUT);  // 定义第 40 引脚（序号为 29）为输出
    digitalWrite(29, HIGH);  // 第 40 引脚输出高电平
```

2.1.2 直流电机及控制

智能车的运动由 4 个 1 ：48 抗干扰直流减速电机（工作电压为 3 ~ 6 V）来实现。直流电机通过 2 条线接入电流，如电路图 2-5 中的 L-T1、L-T2 用于连接左侧 2 个车轮电机，R-T1、R-T2 用于连接右侧 2 个车轮电机。电机的转速取决于供给电流的大小，电流由电机驱动芯片 L298N 提供；电机的转动方向由接入电流的方向决定。如图 2-5 所示，左侧的电机由 L298N 输出的 OUT1、OUT2 引脚进行控制。如果 OUT1 引脚为高电平，OUT2 引脚为低电平，则电流从 OUT1 流入 OUT2，则电机正转，否则反转。OUT1 和 OUT2 电平的高低是由树莓派的引脚 IN1 和 IN2 进行控制的。

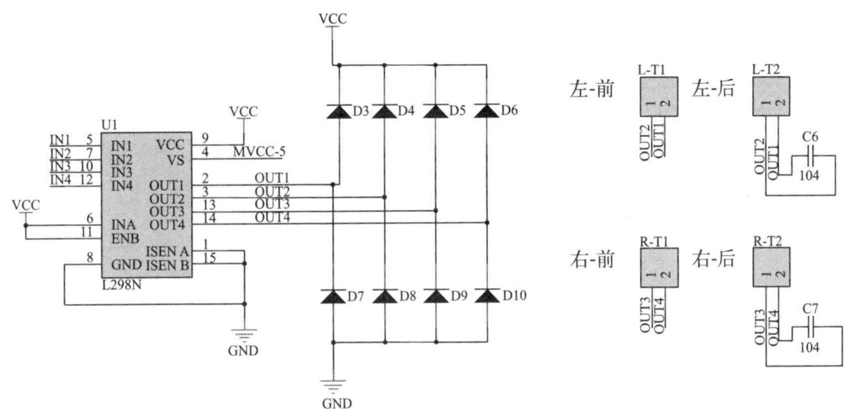

图 2-5 直流电机驱动连接电路

电机驱动芯片 L298N 的内部等效电路如图 2-6 所示。当 ENA、IN1 为高电平时，驱动管 T1 导通，IN2 为低电平时，T4 导通，电流将从 VS 流经 T1 → OUT1 →直流电机→ OUT2 → T4 → GND，电机正转。如果 IN1 为低电平，IN2 为高电平，电流则从 VS 流经 T3 → OUT2 →直流电机 → OUT1 → T2 → GND，电机反转。当 IN1、IN2 均为低电平或高电平时，电机中无电流流过，电机不转。

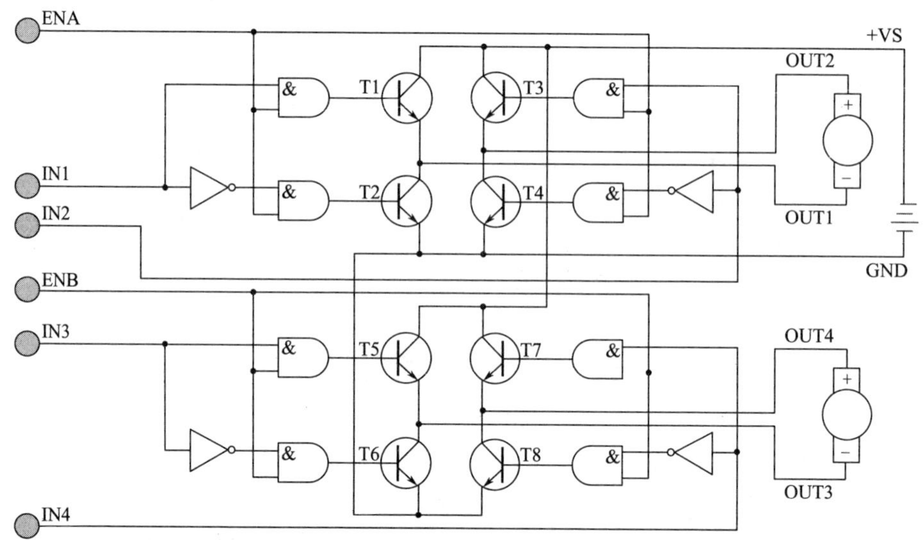

图 2-6 电机驱动芯片 L298N 内部等效电路

在树莓派电脑上，利用 Python 程序控制车辆左转的函数如下：

```
def left(runtime):                  # 定义智能车左转函数
    init()                          # 调用初始化函数
    gpio.output(12,False)           # 对应 IN1，False 代表不执行动作
    gpio.output(16,False)           # 对应 IN2
    gpio.output(22,False)           # 对应 IN4
    gpio.output(18,True)            # 对应 IN3，True 代表右轮前进
    time.sleep(runtime)             # 引脚当前状态保持 runtime 秒
    gpio.cleanup()                  # 清空引脚状态
```

保持左侧车轮不转（IN1、IN2 为低电平），右侧车轮转动（IN3 为高电平，IN4 为低电平），这样实现车辆左转。如果一直这样运转，车辆将原地转圈。通过控制时间 runtime 来控制左转角度。

2.1.3 超声波测距

在智能车的前部和两侧，各装有一个超声波测距模块，如图 2-7 所示。这种模块通过 Trig 引脚触发，模块会自动发出 8 个 40kHz 的超声波方波信号。当超声波遇到障碍物后，会产生回声信号。模块检测到回声信号后，Echo 引脚的电平由高变为低（在 Trig 触发时变为高电平）。

测量从触发到检测到回声的时间，可以得到障碍物的距离。根据声音在

空气中的传播速度约为 340m/s，通过计算公式：距离 = Echo 高电平时间 × 声速（340m/s）/ 2，可以得到障碍物与超声波模块的距离。

智能车所采用的超声波传感器模块性能参数如下：

① 电压为 DC 5V；静态电流小于 2 mA。

图 2-7　超声波测距模块

② 感应角度不大于 15°；探测距离为 2 ~ 450 cm。

③ 高精度：可达 0.3 cm。

如图 2-3所示，车体前端的超声波传感器与树莓派电脑的 38、40 引脚相接，Trig 接第 38 引脚，Echo 接第 40 引脚。测距程序如下：

```
#include <wiringPi.h>
#include <sys/time.h>
#include <stdio.h>

float disMeasure(unsigned int num);// 距离检测
const unsigned int Trig[3] = {28,24,21};// 定义 WringPi 的引脚
const unsigned int Echo[3] = {29,25,22};

// 初始化超声波
void ultraInit(void)
{
    int i;
    for(i = 0; i < 3; i++)
    {
        pinMode(Echo[i], INPUT);  // 定义 Echo 连接引脚为输入
        pinMode(Trig[i], OUTPUT); // 定义 Trig 连接引脚为输出
    }
}
// 距离检测
float disMeasure(unsigned int num)
{
  struct timeval tv1;
  struct timeval tv2;
  long start, stop;
  float dis;
```

```
    if(num < 0 || num > 3)
        return 0;

    digitalWrite(Trig[num], LOW);
    delayMicroseconds(2);

    digitalWrite(Trig[num], HIGH);
    delayMicroseconds(10);      // 发出超声波脉冲
    digitalWrite(Trig[num], LOW);

    while(!(digitalRead(Echo[num]) == 1));
    gettimeofday(&tv1, NULL);                        // 获取当前时间

    while(!(digitalRead(Echo[num]) == 0));
    gettimeofday(&tv2, NULL);                        // 获取当前时间

    start = tv1.tv_sec * 1000000 + tv1.tv_usec;    // 微秒级的时间
    stop  = tv2.tv_sec * 1000000 + tv2.tv_usec;

    dis = (float)(stop - start) / 1000000 * 34000 / 2;  // 求出距离

    return dis;
}
```

2.1.4 红外避障模块

红外避障模块通过红外发射管发射红外线，当红外线遇到障碍物后被反射回来，并由红外接收管接收。当接收到的红外线强度达到一定阈值时，接收管的集电极电压将降低。接下来，这个电压会与可调电阻 VR1 的电压进行比较，通过电压比较器 LM393 来判断是否有障碍物。如果有障碍物，D0 输出低电平；如果没有障碍物，D0 保持高电平。

红外避障模块的检测距离通常受到多种因素的影响，包括红外对管的灵敏度、供电电压、电流以及周围环境光线等。因此，红外探测的距离范围通常在几十厘米。通过调节可调电阻 VR1，可以调整红外避障模块的检测距离。

图 2-8 展示了红外避障模块的外观及其原理图。

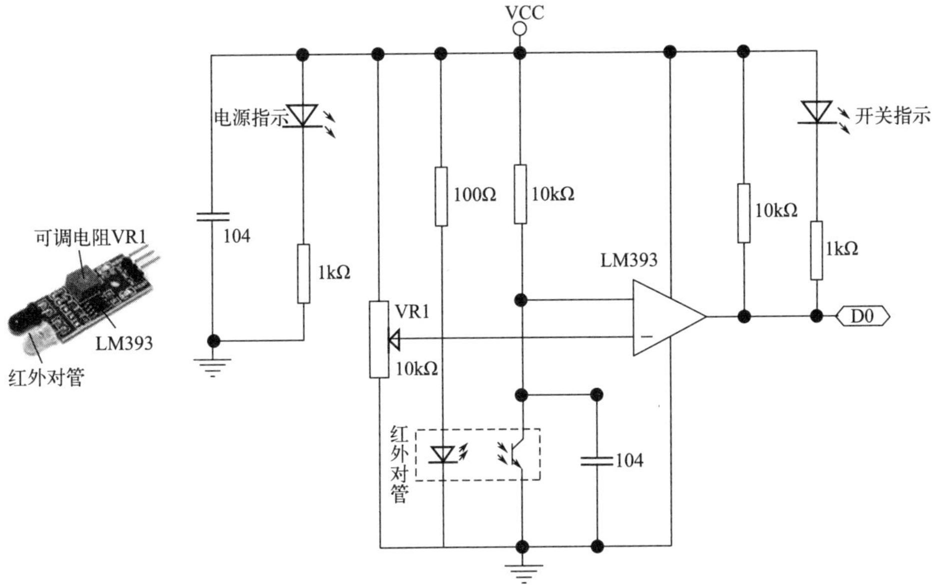

图 2-8　红外避障模块实物及电路原理图

2.1.5　循迹模块

循迹模块利用红外发射和接收原理，检测地面上的黑线。LED 发射管发射红外线，当红外线照射到黑线上时，反射回的红外线较少，导致灰度接收头电压较低。经过电压比较器和可调电压比较，如果电压低于阈值，输出高电平，表示循迹模块在黑线上。偏离黑线则输出低电平。循迹模块通常有多个发射接收头，用于检测车体的位置和方向。红外循迹模块实物如图 2-9 所示。

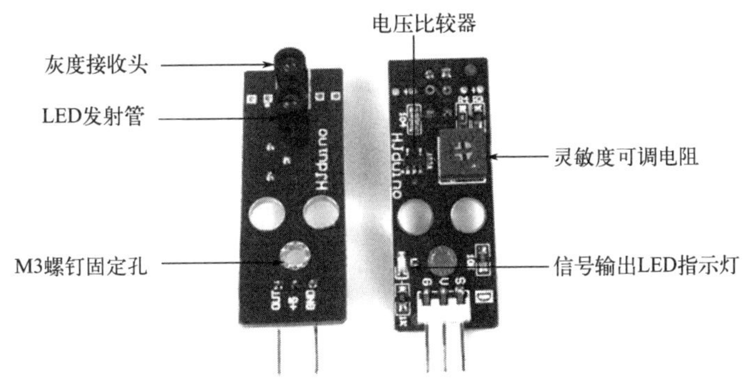

图 2-9　红外循迹模块实物图

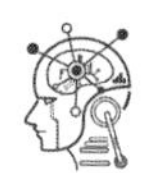

2.1.6 摄像头

在机器视觉应用中，摄像头是实现图像实时采集的传感设备。通过程序控制，可以实现单幅图像的采集，也可以通过多帧图像构成视频流。

应用于机器人的摄像头根据感光转换原理的不同，可分为 CMOS（complementary metal oxide semiconductor，互补金属氧化物）和 CCD（charge coupled device，电荷耦合元件）两类。无论是 CCD 还是 CMOS，它们都是利用光敏像元阵列将入射的光图像转换成像元内的电荷，不同的是在取出并转换这些像元内的电荷为电压时的方式和途径。CCD 使用电荷量来载荷图像信息，而 CMOS 则使用电压量来载荷图像信息。目前市面上大多数的普通摄像头都是 CMOS 类型的，具有价格低廉的优势。CCD 主要用于高端数码相机等领域，其转换后的图像质量稍高一些。

根据相机镜头数目，摄像机可以分为单目相机和深度相机，而深度相机根据工作原理的不同，又可分为 TOF、RGB 双目和结构光三类。单目相机用于实现二维平面图像的采集，而深度相机则可用于检测场景深度或构建 3D 立体图像视频。

摄像头与计算机的接口形式有多种，最常用的是 USB 接口，摄像头可将图像转换为数据，通过 USB 接口传输给计算机，使用相对方便。其他的接口还有移动行业处理器接口 MIPI（mobile industry processor interface）、数字视频端口 DVP（digital video port）以及相机串行接口 CSI（CMOS sensor interface）等。

用于智能车的视觉相机，可采用低成本方案，使用普通的 CMOS 单目相机，通过 USB 接口与树莓派电脑连接。大多数 USB 摄像头在树莓派中可以免驱动安装。本书中智能车采用的摄像头性能指标如下：USB 高清单目摄像头，内置麦克风，摄像头最高分辨率为 1280×720，感光元件类型为 CMOS。该摄像头可用于实现机器视觉及语音处理等功能。

在树莓派中，利用 OpenCV 库，可以方便地使用摄像头。可以参考 4.1.2 节中的项目一，其中提供了一个使用 Python 编程读取摄像头图像的示例程序。

2.1.7 语音处理设备

语音处理设备可分为语音输入设备和语音输出设备两大类。语音输入设备用于将语音信号转换为计算机可使用的数字信号，以便进行语音识别等处理。语音输出设备则是通过语音合成等技术生成语音信号，通过语音播放设备进行播放，使机器人具备说话的能力。因此，语音输入设备与语音识别功能使机器人具备“听”的能力，而语音合成与语音输出使机器人具备“说”的能力。

实现数字语音输入的设备通常由麦克风（microphone）、功率放大器和声音采集模块三部分组成。麦克风是将声音转换为电信号的传感器。根据麦克风数量的多少，语音输入设备通常可以分为单声道、双声道或麦克风阵列声音输入设备。具有 4 个或更多麦克风的阵列设备可用于识别声源方向。例如，图 2-10 展示了可与树莓派配套使用的 4 麦克风阵列扩展板和 USB 接口的 6 麦克风阵列设备。

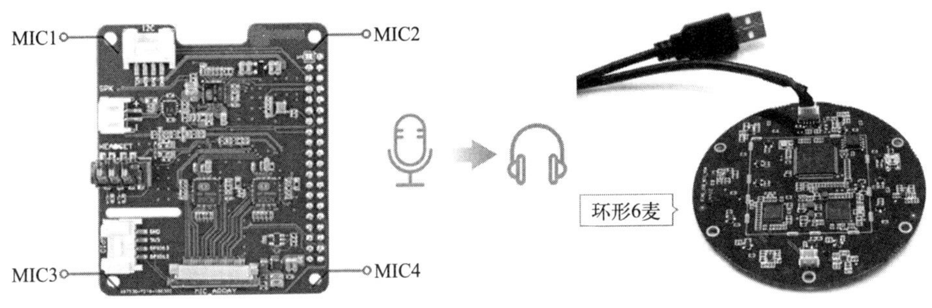

图 2-10　线性 4 或 6 麦克风阵列

2.2　智能车应用开发入门

不同种类的智能车或机器人，其开发环境取决于所采用的主控计算机。基于树莓派的智能车应用开发，就是利用树莓派电脑所安装的 Linux 系统，使用 C/C++ 或 Python 等语言进行编程。

2.2.1　树莓派开发环境

（1）开机检查

打开智能车电源开关，系统开始供电，指示灯正常点亮，数字电压表（LED 数码管显示）实时显示电池电压。当电压低于 6.8V 时，应及时给智能车连接充电电源。树莓派绿灯闪烁表示 SD 卡正在活动，红灯闪烁表示树莓派电压不稳定。

（2）通过 WiFi 连接树莓派系统

① 智能车启动后，会自动开启一个 WiFi 热点。在 PC机上，连接该热点。然后用远程桌面软件连接树莓派系统。键盘键入 Windows+R 调用运行对话框，输入 mstsc，打开远程桌面软件，如图 2-11 所示，输入树莓派系统的 IP 地址，单击“连接”按钮。

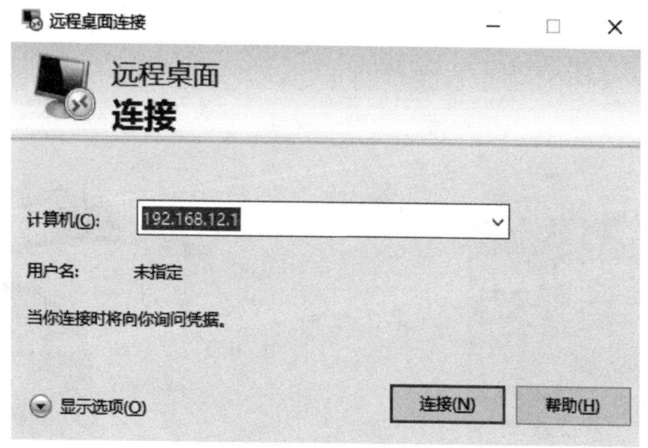

图 2-11　远程桌面连接

② 如图 2-12，输入树莓派用户名和密码，点击“OK”，即可远程登录到树莓派的桌面系统。

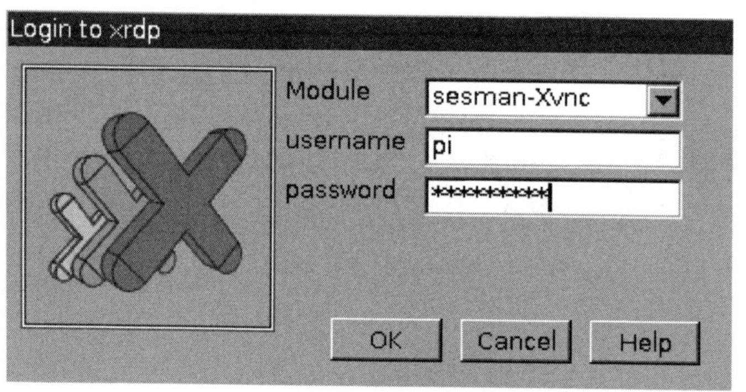

图 2-12　远程登录到树莓派系统

（3）与树莓派的文件传输

与树莓派的文件传输有多种方法，如利用 FileZilla 软件、树莓派自带的远程桌面传输、ssh 命令方式或者 ftp 命令等均可。

例如使用 sftp 远程传输树莓派文件。ssh 都会附带 sftp（安全 ftp）功能，可以完成上传 / 下载 / 管理文件的操作。

只需在“快速连接”中输入：

主机：sftp://（换成所用树莓派的 IP 地址。前面的 sftp:// 一定要加）

输入用户名和密码（Raspbian 默认是 pi/raspberry）。

（4）检测 FileZilla 软件

① 连接智能车无线网，如图 2-13。

图 2-13　连接智能车无线网

② 打开 FileZilla 软件。如图 2-14，输入主机地址、用户名、密码，端口 22，单击“快速连接”。

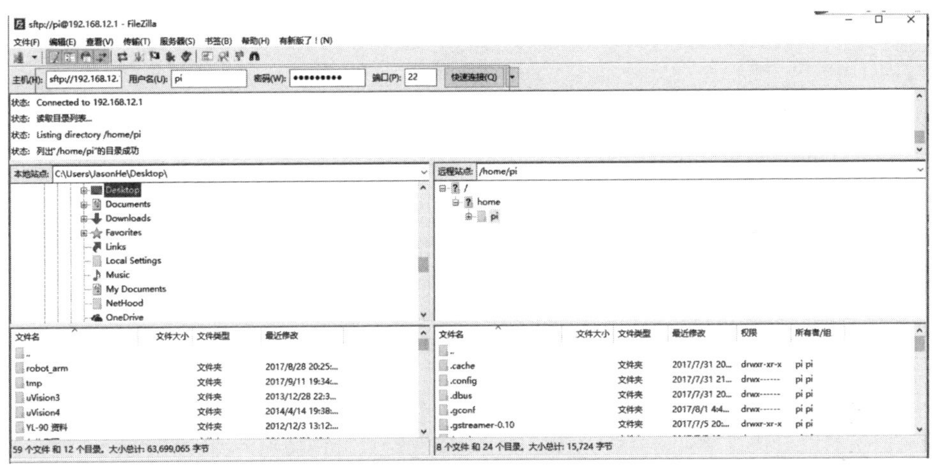

图 2-14　端口 22快速连接

③ 如图 2-15，本地中选中要存放的路径，再选中远程站点中要下载的文件。

④ 单击“下载”，即把树莓派的文件下载到了本地。

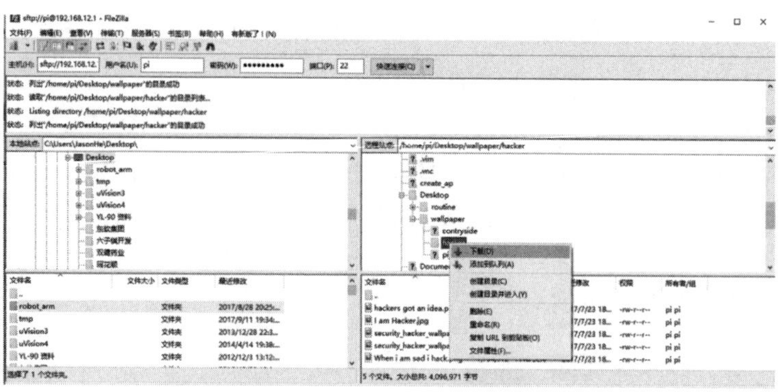

图 2-15 下载文件的选取

2.2.2 基于 Python的智能车控制

(1)树莓派 Python 语言简介

Python 是一个高层次的且结合了解释性、编译性、互动性的，面向对象的脚本语言。

Python 的设计具有很强的可读性，它比其他语言更多地使用英文关键字，语法结构也更有特色。

Python 是一种解释型语言，其开发过程中没有了编译这个环节，类似于 PHP 和 Perl 语言。

Python 是交互式语言，可以直接编程并执行。

Python 是面向对象的语言。这意味着 Python 支持面向对象的风格或代码封装在对象的编程技术。

Python 是初学者的语言。Python 对初级程序员而言，是一种伟大的语言，它支持广泛的应用程序开发，从简单的文字处理到浏览器再到游戏。

智能车的树莓派系统中安装了 Python 2.7 或 Python3.0 开发系统。

检测 Python 环境的方法如下。

① 如图 2-16，在 cmd 中输入“python”并按下“Enter”键，然后会启动 Python 并输出 Python 版本信息。

② 如图 2-17，直接使用 python—version 命令查看 Python 版本信息。

(2)程序范例：控制智能车向左移动

电机控制信号 IN1(图 2-3 中对应 GPIO 引脚号 12)控制左轮前进，IN2

```
管理员: C:\Windows\system32\cmd.exe - python
Microsoft Windows [版本 6.1.7601]
版权所有 (c) 2009 Microsoft Corporation。保留所有权利。

C:\Users\Administrator>python
Python 3.7.0 (v3.7.0:1bf9cc5093, Jun 27 2018, 04:06:47) [MSC v.1914 32 bit (Intel)] on win32
Type "help", "copyright", "credits" or "license" for more information.
>>>
```

图 2-16　查看 Python 版本信息方法 1

```
管理员: C:\Windows\system32\cmd.exe
C:\Users\Administrator>python --version
Python 3.7.0

C:\Users\Administrator>
```

图 2-17　查看 Python 版本信息方法 2

（对应 16）控制左轮后退，IN3（对应 18）控制右轮前进，IN4（对应 22）控制右轮后退。

假设控制智能车向左转动，即保持左轮不动，右轮前进，只需要将控制右轮前进的电机控制信号赋值为 1，故引脚状态 IN1=0，IN2=0，IN3=1，IN4=0。

下面讲解具体操作步骤。

第一步：连接智能车。搜索无线网络并输入密码进行连接。

第二步：登录远程桌面，如图 2-18。

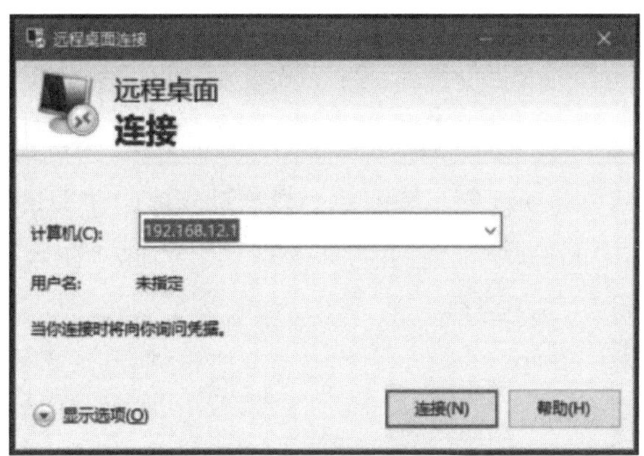

图 2-18　登录远程桌面

第三步：输入账号密码。如图 2-19，输入用户名、密码，登录树莓派系

统桌面。

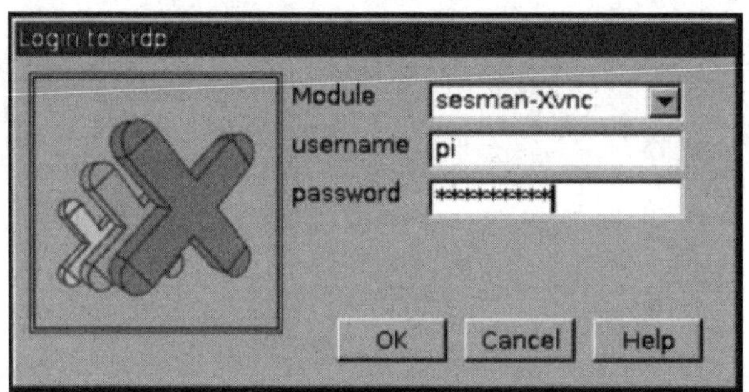

图 2-19 登录树莓派系统桌面

第四步：如图 2-20，选择菜单图标中的第四个图标（框内）打开终端。

图 2-20 打开树莓派系统终端

第五步：关闭自启动程序。智能车的自启动程序中包含了与图形化编程软件 VIPLE 连接的中间件软件，占用了 GPIO 口。因此，在运行自己的控制程序之前，需要关闭自启动程序。

① ps －aux|grep rpi

② 寻找 ./rpi_robot 的 id 号

③ sudo kill -9 id 号

第六步：编辑 python 程序。在终端输入：nano left.py（left 可以由任意名称替换）。或者使用全屏文本编辑器：thonny left.py

第七步：编写 python 程序。

```
import time
import RPi.GPIO as gpio              # 调用 GPIO 函数库
gpio.setwarnings(False)              # 减少不必要的警告
def init():                          # 初始化函数
    gpio.setmode(gpio.BOARD)         # 使用 BOARD 编码方式
    gpio.setup(12,gpio.OUT)          # 引脚 12 设置为输出
    gpio.setup(16,gpio.OUT)          # 引脚 16 设置为输出
    gpio.setup(18,gpio.OUT)          # 引脚 18 设置为输出
    gpio.setup(22,gpio.OUT)          # 引脚 22 设置为输出
def left(runtime):                   # 定义小车左转函数
    init()                           # 调用初始化函数
    gpio.output(12,False)            # 对应 IN1，False 代表不执行动作
    gpio.output(16,False)            # 对应 IN2
    gpio.output(22,False)            # 对应 IN4
    gpio.output(18,True)             # 对应 IN3，True 代表右轮前进
    time.sleep(runtime)              # 引脚当前状态保持 runtime 秒
    gpio.cleanup()                   # 清空引脚状态
def stop():                          # 定义智能车停止函数
    init()
    gpio.output(12,False)
    gpio.output(16,False)
    gpio.output(22,False)
    gpio.output(18,False)
    gpio.cleanup()
try:
    left(10)                         # 向左跑 10s
except KeyboardInterrupt:            # 点击计算机任意键程序停止
    stop()
```

第八步：运行程序。保存并退出编辑后，在终端中输入 python left.py。

2.2.3　基于 C/C++ 的智能车控制

(1) 简介

智能车的底层软件采用 Linux 操作系统，因此可以利用 C/C++ 编程实现更加精准的控制。建议学过 C 语言及相关硬件知识的读者深入智能车的底层去编写程序。本节将简单介绍如何利用 C/C++ 语言编程实现智能车的控制。

（2）C/C++ 语言开发环境

智能车采用树莓派核心板，安装了 Linux 系统，内置 GCC 编译器及相关函数库，已经搭建了完整的开发环境。操作步骤与 2.2.2 节中的一致，在此不再赘述。

（3）C/C++ 程序开发示例

红外避障程序 bz.c 如下：

```
#include <stdio.h>
#include <stdlib.h>
#include <softPwm.h>
#include <unistd.h>
#include <errno.h>
#include <string.h>
#include <netdb.h>
#include <sys/types.h>
#include <time.h>
#include <sys/socket.h>
#include <arpa/inet.h>
#include <wiringPi.h>

#define Trig       28
#define Echo       29
#define LEFT       11
#define RIGHT      10
#define BUFSIZE    512
void run()      // 前进
{
   softPwmWrite(4,0); // 左轮前进
   softPwmWrite(1,250);
   softPwmWrite(6,0); // 右轮前进
   softPwmWrite(5,250);
  }
void brake(int time)     // 刹车，停车
{
     softPwmWrite(1,0);
     softPwmWrite(4,0); // 左轮停止
     softPwmWrite(5,0);
```

```
        softPwmWrite(6,0); // 右轮停止
        delay(time * 100);// 执行时间，可以调整
    }
    void left()          // 左转 ()
    {
        softPwmWrite(4,250); // 左轮前进
        softPwmWrite(1,0);
        softPwmWrite(6,0); // 右轮前进
        softPwmWrite(5,250);
        //delay(time * 300);
      }
    void right()         // 右转 ()
    {
        softPwmWrite(4,0); // 左轮前进
        softPwmWrite(1,250);
        softPwmWrite(6,250); // 右轮
        softPwmWrite(5,0);
    //delay(time * 300);      // 执行时间，可以调整
    }
    void back()           // 后退
    {
        softPwmWrite(4,250); // 左轮后退
        softPwmWrite(1,0);
        softPwmWrite(6,250); // 右轮后退
        softPwmWrite(5,0);
    //delay(time *200);      // 执行时间，可以调整
    }
    int main(int argc, char *argv[])
    {
        float dis;
        int SR;
        int SL;
        /*RPI*/
        wiringPiSetup();
        /*WiringPi GPIO*/
        pinMode (1, OUTPUT);  //IN1
        pinMode (4, OUTPUT);  //IN2
        pinMode (5, OUTPUT);  //IN3
        pinMode (6, OUTPUT);  //IN4
        // 利用 wiringPi 函数创建模拟的 PWM 输出引脚，用于驱动 4 个直流电机
```

```
    softPwmCreate(1,1,500);   //PWM 的初始值为 1，上限值为 500
    softPwmCreate(4,1,500);
    softPwmCreate(5,1,500);
    softPwmCreate(6,1,500);

  while(1)
   {
   // 智能车前部有 2 个红外避障模块，模块检测到障碍，输出信号为 LOW，否则为
HIGH
   SR = digitalRead(RIGHT);
   SL = digitalRead(LEFT);
   if (SL == LOW&&SR==LOW){
    printf("BACK");  // 前面有物体时小车后退 500ms 再转弯
    back();
    delay(300);
    // 后退 500ms
    left();// 左转 400ms
    delay(601);
   }
   else if (SL == HIGH&&SR == LOW){// 右侧有障碍
          printf("RIGHT");
          left();
  }
   else if (SR == HIGH&&SL == LOW) {// 左侧有障碍
   printf("LEFT");
   right ();
   }
   else {// 前面没有物体，前进
  printf("GO");
  run();
  }
   }
   return 0;
 }
```

（4）C/C++ 程序的编译运行

使用 gcc 编译器编译程序，并将 wiringPi 函数库链接进来：

gcc bz.c -o bz -lwiringPi

将编译生成程序 bz。输入命令 ./bz，运行该程序。

第 3 章

人工智能应用开发框架

思维导图

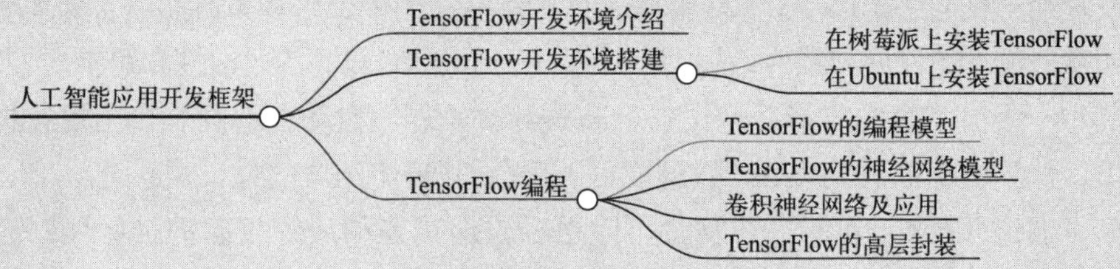

目前，人工智能应用开发主要集中在语音识别、机器视觉和自然语言处理等领域。而以深度学习为核心的应用开发框架加速了人工智能应用的落地。目前，开源的深度学习框架主要有谷歌支持的 TensorFlow、亚马逊支持的 MXNet、Facebook 支持的 PyTorch，以及百度的 PaddlePaddle 等。这些框架都支持嵌入式人工智能应用开发。

下面以 TensorFlow 为例来介绍人工智能的应用开发。

3.1 TensorFlow 开发环境介绍

TensorFlow 是由谷歌公司开发的第二代人工智能学习系统。它的核心概念是使用张量（Tensor）来表示 N 维数组，通过基于数据流图的计算来处理和分析这些张量。TensorFlow 可解释为张量从流图的一端流动到另一端的一系列计算过程。它是一个开源软件，可以免费使用，并在机器学习领域广泛应用于语音识别、图像识别等任务。

TensorFlow 具有嵌入式版本，例如 TensorFlow Lite，可在移动设备和嵌入式系统上运行。它还有适用于大规模数据中心的完整版本，可以在成千上万台服务器上进行分布式计算。

TensorFlow 目前支持卷积神经网络（CNN）、循环神经网络（RNN）和长短期记忆网络（LSTM）等算法，这些都是在图像、语音和自然语言处理等领域最流行的深度神经网络模型。TensorFlow 具有较高的灵活性和可扩展性。其中一个亮点是它支持异构设备分布式计算，能够自动在不同平台上运行模型，从手机、单个 CPU/GPU 到成百上千个 GPU 卡组成的分布式系统。

通过 TensorFlow，开发者可以更轻松地构建和训练复杂的神经网络模型，并利用其强大的计算能力和分布式计算支持来加速人工智能应用的开发和部署。

3.2 TensorFlow 开发环境搭建

下面将分别介绍如何在树莓派和 Ubuntu 上安装 TensorFlow。

3.2.1 在树莓派上安装 TensorFlow

① 打开终端，运行如下命令下载 TensorFlow（以 Python2 版本为例）。

```
wget https://github.com/lhelontra/TensorFlow-on-arm/releases/download/v1.4.1/TensorFlow-1.4.1-cp27-none-linux_armv7l.whl
```

② 下载完成后运行如下命令安装 TensorFlow。

```
sudo pip install TensorFlow-1.4.1-cp27-none-linux_armv7l.whl  -i
https://pypi.tuna.tsinghua.edu.cn/simple
```

其中，上述命令中 -i 后面是指定的源，这里换成了清华大学的源，当然也可以使用其他机构的源。

3.2.2 在 Ubuntu 上安装 TensorFlow

第一步：安装 cpu 版本的 TensorFlow（安装 Python2 版本）。

在终端下直接输入如下命令即可安装。

```
sudo pip install TensorFlow_gpu==1.4.1
```

第二步：安装 GPU 版本的 TensorFlow（GPU 版本的需要下载英伟达的 cuda）。

可以选择从官网直接下载 cuda，也可以选择在终端下载 cuda。

（1）安装 NVIDIA 显卡驱动

① 在终端下运行如下命令查看自己显卡的型号。

```
lspci | grep -i nvidia
```

再之后查看自己显卡的驱动。

```
lsmod | grep -i nvidia
```

② 然后在 Ubuntu16.04 中更换自己的显卡驱动，首先打开设置，找到“软件和更新”，如图 3-1 所示。

③ 将设置中的附件驱动更换 NVIDIA 驱动，如图 3-2 所示。

④ 在终端下输入命令 nvidia-smi 可以查看显示所有 GPU 的当前信息状态，结果如图 3-3 所示。

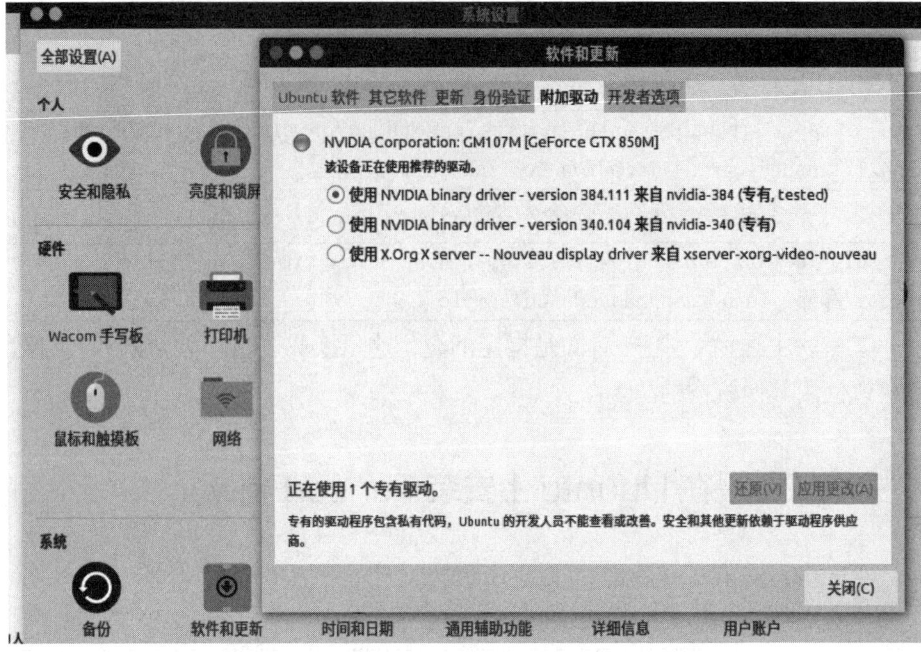

图 3-1 “软件和更新”界面

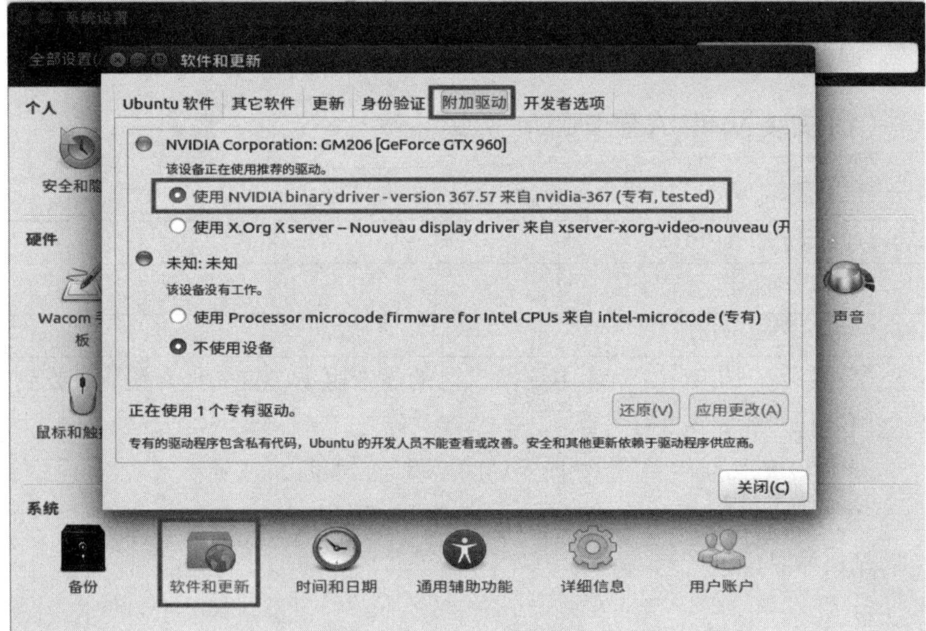

图 3-2 更换 NVIDIA 驱动

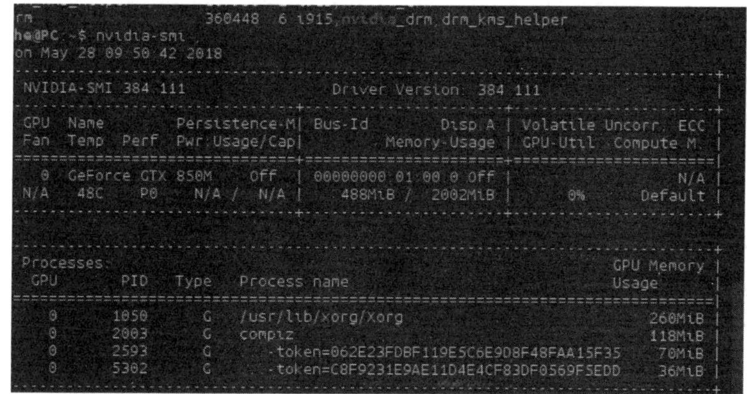

图 3-3　GPU 的当前信息显示

（2）在官网下载 GPU 版 cuda

① 在浏览器中输入官方网址，网页如图 3-4 所示。

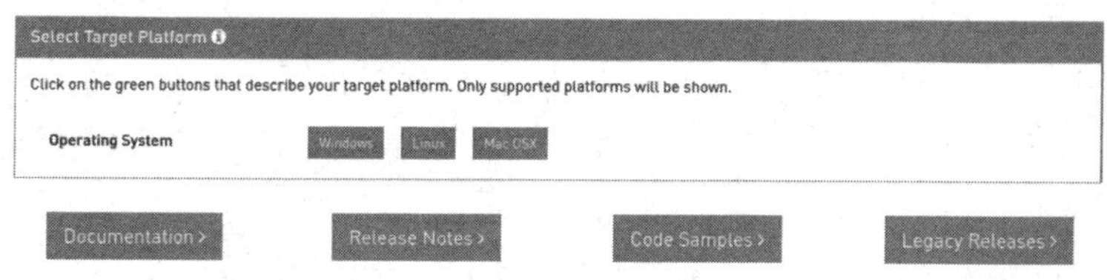

图 3-4　cuda 下载界面

② 选择 Legacy Releases 8.0 版本，然后再根据自己的系统选择对应的版本下载。页面信息如图 3-5 所示。这里选择下载 runfile 格式。

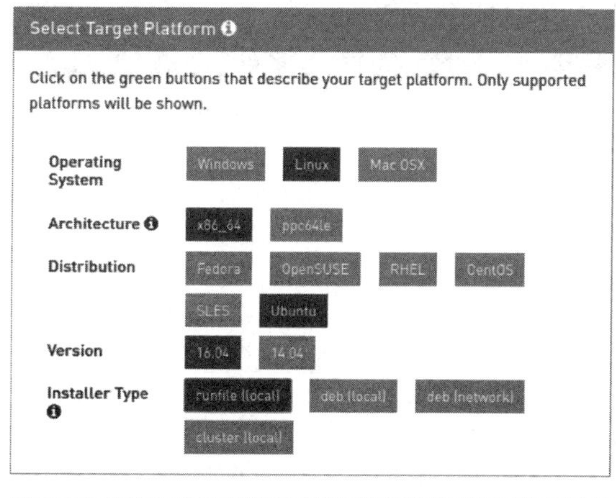

图 3-5　cuda 版本选择界面

（3）在终端用命令安装 GPU 版 cuda

① 在终端直接输入如下命令下载 cuda。

```
wget
https://developer.nvidia.com/compute/cuda/8.0/Prod2/local_installers/
cuda_8.0.61_375.26_linux-run -O cuda_8.061_375_linux.run
```

下载完成后设置权限。

```
chmod 777 cuda_8.061_375_linux.run
```

运行命令执行安装。

```
sudo ./cuda_8.061_375_linux.run --tmpdir=/tmp
```

② 这之后会显示软件使用协议，如图 3-6 所示。

```
reface
------

he following contains specific license terms and conditions
or four separate NVIDIA products. By accepting this
greement, you agree to comply with all the terms and
onditions applicable to the specific product(s) included
erein.


VIDIA CUDA Toolkit


escription

he NVIDIA CUDA Toolkit provides command-line and graphical
ools for building, debugging and optimizing the performance
f applications accelerated by NVIDIA GPUs, runtime and math
ibraries, and documentation including programming guides,
-更多--(0%)
```

图 3-6　软件使用协议界面

③ 按回车键阅读软件协议，选择“accept”接受协议，然后按照以下方式进行选择，如图 3-7 所示。

安装完成后效果如图 3-8 所示。

④ 安装完成后执行 vim ~ /.bashrc 命令进行编辑。在最后加入如下内容。

```
export CUDA_HOME=/usr/local/cuda
export PATH=$PATH:$CUDA_HOME/bin
export LD_LIBRARY_PATH=/usr/local/cuda-8.0/lib64${LD_LIBRARY_PATH:+:${LD_
LIBRARY_PATH}}
```

```
Install NVIDIA Accelerated Graphics Driver for Linux-x86_64 375.26?
(y)es/(n)o/(q)uit: n

Install the CUDA 8.0 Toolkit?
(y)es/(n)o/(q)uit: y

Enter Toolkit Location
 [ default is /usr/local/cuda-8.0 ]: y

Toolkit location must be an absolute path.
Enter Toolkit Location
 [ default is /usr/local/cuda-8.0 ]:

Do you want to install a symbolic link at /usr/local/cuda?
(y)es/(n)o/(q)uit: y

Install the CUDA 8.0 Samples?
(y)es/(n)o/(q)uit: y

Enter CUDA Samples Location
 [ default is /home/che ]:
```

图 3-7　选择界面

```
===========
= Summary =
===========

Driver:   Not Selected
Toolkit:  Installed in /usr/local/cuda-8.0
Samples:  Installed in /home/che

Please make sure that
 -   PATH includes /usr/local/cuda-8.0/bin
 -   LD_LIBRARY_PATH includes /usr/local/cuda-8.0/lib64, or, add /usr/local/cuda-8.0/l

To uninstall the CUDA Toolkit, run the uninstall script in /usr/local/cuda-8.0/bin

Please see CUDA_Installation_Guide_Linux.pdf in /usr/local/cuda-8.0/doc/pdf for detail

***WARNING: Incomplete installation! This installation did not install the CUDA Driver
0 functionality to work.
To install the driver using this installer, run the following command, replacing <Cuda
    sudo <CudaInstaller>.run -silent -driver

Logfile is /tmp/cuda_install_30401.log
```

图 3-8　安装完成效果图

⑤ 保存退出后执行 source ~ /.bashrc。然后检测是否安装成功，执行如下命令。

```
cd /usr/local/cuda/samples/1_Utilities/deviceQuery
sudo make
./deviceQuery
```

出现如图 3-9 所示内容则安装成功。

```
che@PC:/usr/local/cuda/samples/1_Utilities/deviceQuery$ ./deviceQuery
./deviceQuery Starting...

 CUDA Device Query (Runtime API) version (CUDART static linking)

Detected 1 CUDA Capable device(s)

Device 0: "GeForce GTX 850M"
  CUDA Driver Version / Runtime Version          9.0 / 8.0
  CUDA Capability Major/Minor version number:    5.0
  Total amount of global memory:                 2003 MBytes (2100232192 bytes)
  ( 5) Multiprocessors, (128) CUDA Cores/MP:     640 CUDA Cores
  GPU Max Clock rate:                            902 MHz (0.90 GHz)
  Memory Clock rate:                             900 Mhz
  Memory Bus Width:                              128-bit
  L2 Cache Size:                                 2097152 bytes
  Maximum Texture Dimension Size (x,y,z)         1D=(65536), 2D=(65536, 65536), 3D=(4096, 4096, 409
  Maximum Layered 1D Texture Size, (num) layers  1D=(16384), 2048 layers
  Maximum Layered 2D Texture Size, (num) layers  2D=(16384, 16384), 2048 layers
  Total amount of constant memory:               65536 bytes
  Total amount of shared memory per block:       49152 bytes
  Total number of registers available per block: 65536
  Warp size:                                     32
  Maximum number of threads per multiprocessor:  2048
  Maximum number of threads per block:           1024
  Max dimension size of a thread block (x,y,z): (1024, 1024, 64)
  Max dimension size of a grid size    (x,y,z): (2147483647, 65535, 65535)
  Maximum memory pitch:                          2147483647 bytes
  Texture alignment:                             512 bytes
  Concurrent copy and kernel execution:          Yes with 1 copy engine(s)
  Run time limit on kernels:                     Yes
  Integrated GPU sharing Host Memory:            No
  Support host page-locked memory mapping:       Yes
  Alignment requirement for Surfaces:            Yes
  Device has ECC support:                        Disabled
  Device supports Unified Addressing (UVA):      Yes
  Device PCI Domain ID / Bus ID / location ID:   0 / 1 / 0
  Compute Mode:
     < Default (multiple host threads can use ::cudaSetDevice() with device simultaneously) >

deviceQuery, CUDA Driver = CUDART, CUDA Driver Version = 9.0, CUDA Runtime Version = 8.0, NumDevs =
Result = PASS
```

图 3-9　cuda 安装成功界面

（4）在英伟达官网下载 cuDNN

下载界面如图 3-10 所示。

Home > Deep Learning > Deep Learning Software > NVIDIA cuDNN

NVIDIA cuDNN

The NVIDIA CUDA® Deep Neural Network library (cuDNN) is a GPU-accelerated library of primitives for deep neural networks. cuDNN provides highly tuned implementations for standard routines such as forward and backward convolution, pooling, normalization, and activation layers.

Deep learning researchers and framework developers worldwide rely on cuDNN for high-performance GPU acceleration. It allows them to focus on training neural networks and developing software applications rather than spending time on low-level GPU performance tuning. cuDNN accelerates widely used deep learning frameworks, including Caffe,Caffe2, Chainer, Keras,MATLAB, MxNet, TensorFlow, and PyTorch. For access to NVIDIA optimized deep learning framework containers, that has cuDNN integrated into the frameworks, visit NVIDIA GPU CLOUD to learn more and get started.

Download cuDNN >　Introductory Webinar >　Developer Guide >　Forums >

图 3-10　cuDNN 下载界面

① 下载完成后是一个压缩包，需要进行解压缩。

```
tar xvzf cudnn-8.0-linux-x64-v6.0.tgz
```

② 解压完成后复制相应的文件到 cuda 目录。

```
sudo cp cuda/include/cudnn.h /usr/local/cuda/include/
sudo cp cuda/lib64/libcudnn* /usr/local/cuda/lib64/
sudo chmod a+r /usr/local/cuda/include/cudnn.h
sudo chmod a+r /usr/local/cuda/lib64/libcudnn*
```

③ 执行如下命令安装 TensorFlow GPU 版本（Python2）

```
sudo pip install TensorFlow_gpu==1.4.1
```

④ 检测是否安装成功。

```
python
import TensorFlow as tf
tf.__version__
```

若安装成功，则如图 3-11 所示。

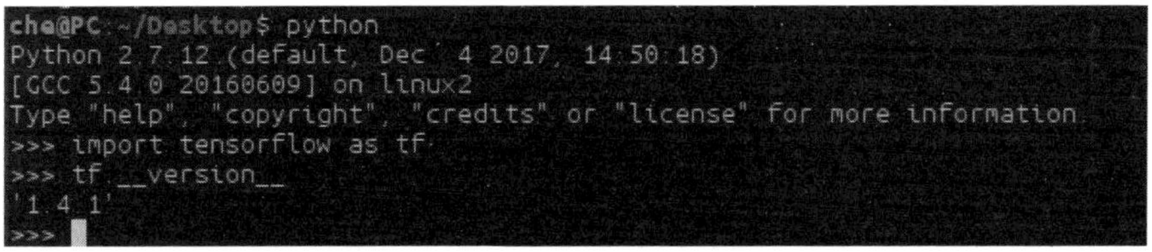

```
cha@PC:~/Desktop$ python
Python 2.7.12 (default, Dec  4 2017, 14:50:18)
[GCC 5.4.0 20160609] on linux2
Type "help", "copyright", "credits" or "license" for more information.
>>> import tensorflow as tf
>>> tf.__version__
'1.4.1'
>>>
```

图 3-11　GPU 版本 TensorFlow 安装成功界面显示

3.3　TensorFlow 编程

Python 是 TensorFlow 的标准编程语言。尽管 TensorFlow 的大部分内核并非用 Python 编写，它是通过高度优化的 C++ 和 cuda（用于 GPU 编程的 NVIDIA 语言）的组合实现的，大部分服务也采用 C++ 或 Java 开发。TensorFlow 通常以动态链接库（.so）的形式提供 API。

虽然可以使用 C/C++ 进行 TensorFlow 编程，但 Python 在 TensorFlow 开发中更为流行。Python 具有易于使用的语法和丰富的生态系统，而且 Python 与 C++ 的集成也相对便捷。因此，Python 成为 TensorFlow 的主要编程语言。

使用 Python 进行 TensorFlow 编程具有许多优势，例如易于学习、快速原型开发、丰富的第三方库支持以及庞大的社区支持。Python 的编程环境和工具链也为 TensorFlow 提供了便利。

当然，根据任务的性质和要求，有时可以选择使用 C/C++ 进行

TensorFlow 编程，以获得更高的执行效率。然而，对于大多数开发者而言，Python 提供了简单易用的接口和开发体验。因此，在 TensorFlow 应用开发中，Python 成为主要使用的编程语言。

需要注意的是，本书的代码示例主要采用 Python 编写，以帮助读者更好地理解和使用 TensorFlow。

3.3.1 TensorFlow 的编程模型

TensorFlow 提供不同层次的 API，最低级别是 TensorFlow Core API，可以完成以下操作：

① 管理 TensorFlow 程序（tf.Graph）和 TensorFlow 的运行（tf.Session），而不是依靠 Estimator 来管理它们。

② 使用 tf.Session 运行 TensorFlow 操作。

③ 在此低级别环境中使用高级别组件（数据集、层和 feature_columns）。

④ 构建自己的训练循环，而不是使用 Estimator 提供的训练循环。

使用低阶的 TensorFlow Core 可以使实验和调试更直接，而且有助于在使用更高阶的 API 时，能够理解其内部工作原理。但在实际开发中，为了提高开发效率，官方建议尽可能使用更高阶的 API 构建模型。

下面介绍一下 TensorFlow Core 编程的基本原理。

① 计算图。可以将 TensorFlow Core 程序看作由两个互相独立的部分组成：构建计算图（tf.Graph）和运行计算图（使用 tf.Session）。

计算图是排列成一个图的一系列 TensorFlow 指令。图由两种类型的对象组成：

操作（简称“op”）：图的节点。操作描述了消耗和生成张量的计算。

张量：图的边。它们代表将流经图的值。大多数 TensorFlow 函数会返回 tf.Tensors。

代码示例：

```
import TensorFlow as tf
# 定义两个常量向量 a b
a = tf.constant([1.0, 2.0], name="a")
b = tf.constant([2.0, 3.0], name="b")
# 将两个向量加起来
result = a + b
```

② 张量。TensorFlow 中的核心数据单位是张量（tensor），是对矢量

和矩阵向潜在的更高维度的泛化。一个张量由一组形成阵列（任意维数）的原始值组成。张量的阶（rank）是它的维数，而它的形状（shape）是一个整数元组，指定了阵列每个维度的长度。TensorFlow 在内部将张量表示为基本数据类型的 *n* 维数组。一般而言，0 维是常量，1 维是矢量，2 维是矩阵。

以下是张量值的一些示例：

```
3.                        # a rank 0 tensor; a scalar with shape [],
[1., 2., 3.]              # a rank 1 tensor; a vector with shape [3]
[[1., 2., 3.], [4., 5., 6.]]   # a rank 2 tensor; a matrix with shape [2, 3]
[[[1., 2., 3.]], [[7., 8., 9.]]]  # a rank 3 tensor with shape [2, 1, 3]
```

TensorFlow 使用 numpy 阵列来表示张量值。TensorFlow 使用 graph（图）来描述计算任务，图中的节点称为 op. 一个 op 可以接受 0 或多个 tensor 作为输入，也可产生 0 或多个 tensor 作为输出。任何一个 graph 要想运行，都必须借助上下文 session（会话）。通过 session 启动 graph，并将 graph 中的 op 分发到 cpu 或 gpu 上，借助 session 提供执行这些 op.op 被执行后，将产生的 tensor 返回。借助 session 提供的 feed 和 fetch 操作，我们可以为 op 赋值或者获取数据。计算过程中，通过变量（variable）来维护计算状态。

③ 会话。会话（session）拥有并管理 TensorFlow 程序运行时的所有资源。所有计算完成之后需要关闭会话来帮助系统回收资源，否则有可能会出现资源泄露的问题。TensorFlow 中使用会话的方式有两种。一种需要明确调用会话生成函数和关闭会话函数，这种方式流程代码如下：

```
# 创建一个会话
sess=tf.Session()
# 使用创建好的会话得到运算结果
result=sess.run(…)
# 关闭会话，释放资源
sess.close()
```

还有一种方式就是通过 Python 上下文管理器机制，只要将所有的计算放在“with”的内部就可以。当上下文管理器退出的时候自动释放所有资源，不必再显式调用关闭会话的函数。

```
# 创建会话
with tf.Session() as sess:
  result=sess.run(…)
# 后面不必再显式调用会话关闭函数
```

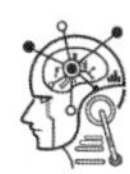

3.3.2 TensorFlow 的神经网络模型

上一小节从三个角度介绍了 TensorFlow 的基本概念。在这一小节将结合神经网络的功能进一步介绍如何通过 TensorFlow 实现神经网络。

(1) 前向传播算法

为了介绍神经网络的前向传播算法，需要先了解神经元的结构。图 3-12 显示了一个最简单的神经元结构。

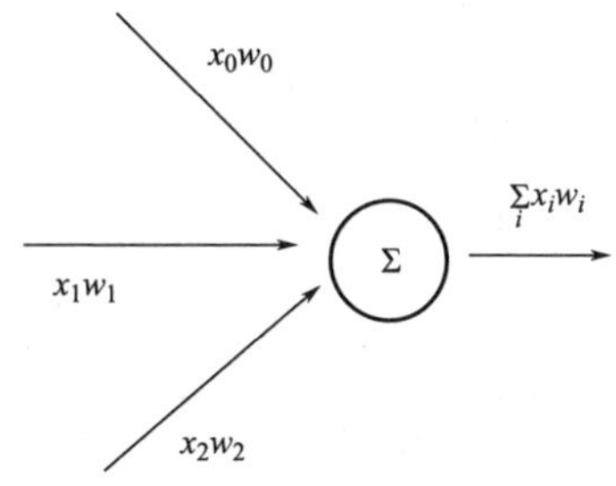

图 3-12 神经元结构示意图

神经元是构成神经网络的最小单元，每个神经元有多个输入和一个输出。神经元的输入可以是其他神经元的输出，也可以是整个神经网络的输入。神经网络的结构指的是不同神经元之间的连接方式。一个神经元的输出是所有输入的加权和，而神经元的参数是不同输入的权重。优化神经网络的过程就是优化神经元参数的取值。

不同的神经网络结构具有不同的前向传播方式。在本节中，我们将介绍最简单的全连接神经网络结构的前向传播算法。全连接神经网络被称为全连接，是因为相邻两层之间的任意两个节点都有连接，如图 3-13 所示。

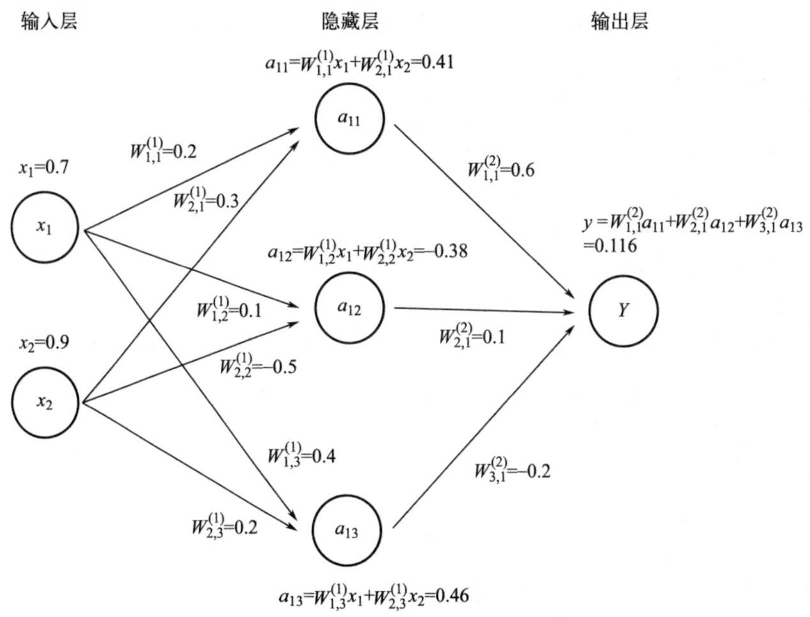

图 3-13 神经网络前向传播示意图

计算神经网络的前向传播结果需要三个关键信息。

① 神经网络的输入。输入是从实体中提取的特征向量，可以表示为输入向量。在图 3-13 中，有两个输入节点 x_1 和 x_2。

② 神经网络的连接结构。连接结构定义了神经元之间的输入输出关系。神经元也可以称为节点，通常使用节点表示神经网络中的神经元。在图 3-13 中，节点具有两个输入，分别是 x_1 和 x_2 的输出。节点 y 的输出则作为其他节点的输入。

③ 神经元中的参数。参数是神经元中用来调整输入的权重。在图 3-13 中，使用 W 来表示神经元的参数。W 的上标表示神经网络的层次，W 的下标表示连接的节点编号。优化每个边的权重是算法的关键。在这里，我们假设这些权重已知。

通过给定神经网络的输入、连接结构和参数，可以使用前向传播算法来计算神经网络的输出。该算法通过计算每个神经元的加权和，并将其通过激活函数进行非线性转换，从而获得最终的输出结果。

（2）TensorFlow 变量及变量的管理

训练神经网络模型时，用变量来存储和更新参数。变量包含张量，存放于内存的缓存区。建模时它们需要被明确地初始化，模型训练后它们必须被存储到磁盘。这些变量的值可在之后模型训练和分析时被加载。下面一行代码给出了一种在 TensorFlow 中声明 5×6 的矩阵变量方法：

```
weights = tf.Variable(tf.random_normal([5,6], stddev=1))
```

其中上述 tf.random_normal 函数是一个 TensorFlow 支持的随机数生成器，它会产生一个 5×6 的矩阵、均值为 0、标准差为 1 的随机数。

下面的代码会生成一个初始值全部为 0 且长度为 10 的变量，这是通过 TensorFlow 自带的常数生成函数完成的。

```
biases = tf.Variable(tf.zeros([10]), name="biases")
```

下面将要展示如何通过变量实现神经网络的参数并实现前向传播的过程。

```
import TensorFlow as tf
# 声明 w1、w2 变量
w1= tf.Variable(tf.random_normal([2, 3], stddev=1))
w2= tf.Variable(tf.random_normal([3, 1], stddev=1))
# 定义输入的特征向量为一个常量
x = tf.constant([[0.7, 0.9]])
# 前向传播算法过程，其中 tf.matmul 实现了矩阵乘法
```

```
a = tf.matmul(x, w1)
y = tf.matmul(a, w2)
sess = tf.Session( )
#下面两行初始化 w1 和 w2
sess.run(w1.initializer)
sess.run(w2.initializer)
#定义输出
print(sess.run(y))
sess.close( )
```

TensorFlow 用于变量管理的函数主要有两个：tf.get_variable( ) 和 tf.variable_scope( )，前者用于创建或获取变量的值，后者用于生成上下文管理器，创建命名空间，命名空间可以嵌套。

函数 tf.get_variable( ) 既可以创建变量，也可以获取变量。控制创建还是获取的开关来自函数 tf.variable.scope( ) 中的参数 reuse 为“True”还是“False”。

tf.get_variable( ) 和 tf.Variable( ) 都可以用于创建变量，但是两者最大的区别在于指定变量名称的参数。对于 tf.Variable( ) 函数，变量名称是一个可选参数，对于 tf.get_variable( )，变量名称是一个必填的参数。以下代码给出了这两个函数创建同一个变量的样例：

```
v = tf.get_variable("v", [1], initializer=tf.constant_initializer(1.0))
v = tf.Variable(tf.constant(1.0,shap=[1]),name="v")
```

下面的代码演示了如何在一个命名空间内利用 tf.get_variable( ) 函数创建以及获取创建变量：

```
#在以 foo 为名的命名空间内创建名字为 v 的变量
with tf.variable_scope("foo"):
    v = tf.get_variable("v", [1], initializer=tf.constant_initializer(1.0))

#下面的一段代码将会报错，因为 foo 内已经存在 v 变量
#with tf.variable_scope("foo"):
    # v = tf.get_variable("v", [1])

#将 tf.variable_scope 的 reuse 设置为 true 时，tf.get_variable() 可直接获
#取已创建变量
with tf.variable_scope("foo", reuse=True):
    v1 = tf.get_variable("v", [1])
#输出为 true
print v == v1
```

下面的代码演示 tf.variable_scope( ) 函数的嵌套及如何通过 tf.variable_scope( ) 函数管理变量名称。

```
v1 = tf.get_variable("v", [1])
# tf.variable_scope() 函数的嵌套
with tf.variable_scope("foo"):
    with tf.variable_scope("bar"):
        v2 = tf.get_variable("v", [1])
# 输出 foo/bar/v:0（含变量命名空间）
        print v2.name
   # 创建一个名称为空的命名空间，并设置 reuse 为 true
with tf.variable_scope("",reuse=True):
    v3 = tf.get_variable("foo/bar/v", [1])
# 输出 True
    print v3 == v2
```

（3）TensorFlow 训练神经网络的整体流程

在神经网络的优化算法中，最常用的是反向传播算法。图 3-14 展示了使用反向传播算法训练神经网络的流程。

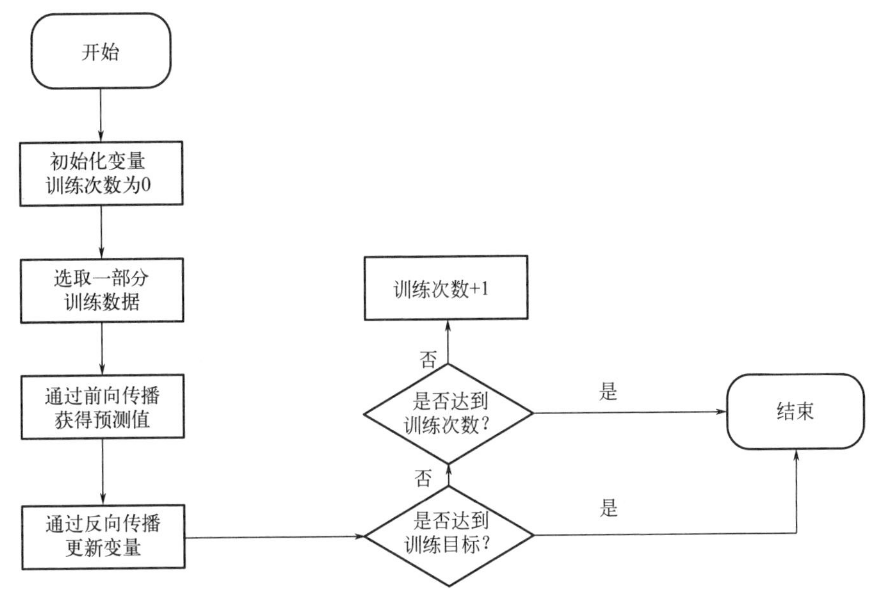

图 3-14 神经网络反向传播优化流程图

在图 3-14 中，每次选择的一小部分数据被称为一个 batch。这个 batch 的样例通过前向传播的神经网络模型进行预测。然后，可以计算预测结果和真

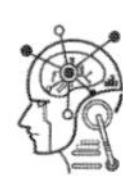

实值之间的误差，并使用反向传播算法相应地更新神经网络模型参数的取值，以使误差减小。

TensorFlow 的设计理念是计算流图（computational graph）。在编写程序时，首先构建整个系统的计算流图，代码并不会立即执行，与其他数值计算库（如 numpy）不同，计算流图是静态的。然后，在实际运行时，启动一个会话，程序才会真正运行。这样做的好处是避免了重复切换底层程序实际运行的上下文。TensorFlow 会帮助优化整个系统的代码。许多 Python 程序的底层是由 C 语言或其他语言实现的，执行一行脚本就需要进行一次上下文切换，这是有成本的。通过计算流图的方式，TensorFlow 能够优化整个会话需要执行的代码，这是一个优势。

因此，placeholder( ) 函数在构建神经网络的计算流图时起到占位符的作用。在这个阶段，还没有将要输入的数据传递给模型，它只是分配了必要的内存空间。当建立会话后，在会话中运行模型时，可以使用 feed_dict( ) 函数向占位符提供数据。下面是使用 placeholder 实现前向传播算法的示例代码：

```
import TensorFlow as tf
import numpy as np
#定义 placeholder 作为存放数据的地方
x = tf.placeholder(tf.float32, shape=(2, 2))
y = tf.matmul(x, x)
with tf.Session() as sess:
    #print(sess.run(y))  # ERROR：此处 x 还没有赋值
    rand_array = np.random.rand(2, 2)
    print(sess.run(y, feed_dict={x: rand_array}))
```

在得到一个 batch 的前向传播结果之后，需要定义一个损失函数来描述当前预测值和真实值之间的差距。然后再通过反向传播算法来调整神经网络的参数的取值，使得差距缩小。目前 TensorFlow 支持数十种不同的优化器，读者可以根据实际具体问题选择不同的优化算法。目前常用的优化方法有三种：tf.train.GradientDescentOptimizer、tf.train.AdamOptimizer 和 tf.train.MomentumOptimizer。

（4）完整的神经网络样例

下面给出一个在模拟数据集上训练神经网络的完整程序，该程序主要用来解决二分类问题：

```
    import TensorFlow as tf
    #numpy 是一个科学计算的工具包，通过 numpy 生成模拟数据集
    from numpy.random import RandomState
    # 训练时 batch 的大小
    batch_size = 8
    # 定义神经网络的参数
    w1= tf.Variable(tf.random_normal([2, 3], stddev=1, seed=1))
    w2= tf.Variable(tf.random_normal([3, 1], stddev=1, seed=1))
    # 定义输入数据
    x = tf.placeholder(tf.float32, shape=(None, 2), name="x-input")
    y_= tf.placeholder(tf.float32, shape=(None, 1), name="y-input")
    # 定义神经网络的前向传播过程
    a = tf.matmul(x, w1)
    y = tf.matmul(a, w2)
    # 定义损失函数以及反向传播算法
    y = tf.sigmoid(y)
    cross_entropy = -tf.reduce_mean(y_ * tf.log(tf.clip_by_value(y, 1e-10, 1.0)
                    + (1 - y_) * tf.log(tf.clip_by_value(1 - y, 1e-10, 1.0)))
    train_step = tf.train.AdamOptimizer(0.001).minimize(cross_entropy)
    # 通过随机数生成一个模拟数据集
    rdm = RandomState(1)
    X = rdm.rand(128,2)
    # 定义规则来给出标签。在这里所有 x1+x2<1 的样例都被认为是正样本，其他的
# 为负样本。在这里 0 表示正样本，1 表示负样本
    Y = [[int(x1+x2 < 1)] for (x1, x2) in X]
    # 创建会话
    with tf.Session() as sess:
        init_op = tf.global_variables_initializer()
    # 初始化变量
        sess.run(init_op)

        # 输出目前（未经训练）的参数取值
        print(sess.run(w1))
        print(sess.run(w2))
        print("\n")
        # 训练模型
        # 设定训练轮数
        STEPS = 5000
        for i in range(STEPS):
            # 每次选取 batch_size 个样本进行训练
```

```
        start = (i*batch_size) % 128
        end = (i*batch_size) % 128 + batch_size
        sess.run([train_step, y, y_], feed_dict={x: X[start:end],
            y_: Y[start:end]})
        #每隔一段时间计算在所有数据上交叉熵
        if i % 1000 == 0:
            total_cross_entropy = sess.run(cross_entropy, feed_dict={x:X,
                y_: Y})
            print("After %d training step(s), cross entropy on all data is %g"
                % (i, total_cross_entropy))
    # 输出训练后的参数取值
    print("\n")
    print(sess.run(w1))
    print(sess.run(w2))
```

3.3.3 卷积神经网络及应用

前面介绍的神经网络中，每两层之间的所有节点都是有边相连的，这种网络结构我们暂且称之为全连接神经网络。接下来我们将要介绍一下卷积神经网络并将其应用于 MNIST 数据集上。

(1) 卷积神经网络简介

一个卷积神经网络主要由以下 5 种结构组成 (见图 3-15)：

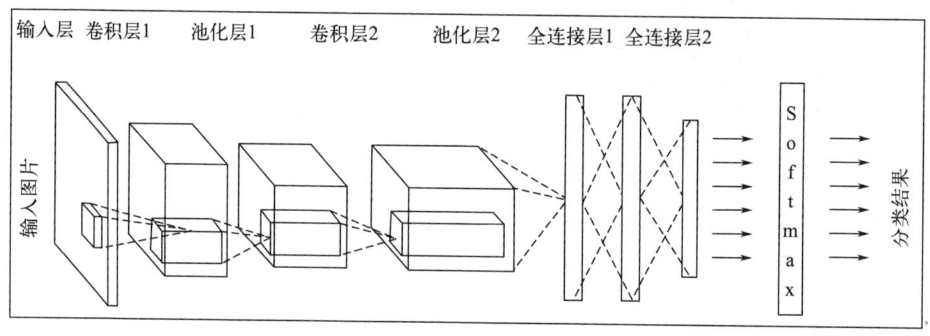

图 3-15　卷积神经网络一般结构图

① 输入层。输入层是整个神经网络的输入，在处理图像的卷积神经网络中，它一般代表了一张图片的像素矩阵。比如在图 3-15 中，最左侧的三维矩

阵的长和宽代表了图像的大小，而三维矩阵的深度代表了图像的色彩通道。比如黑白图片的深度为 1，而在 RGB 色彩模式下，图像的深度为 3。从输入层开始，卷积神经网络通过不同的神经网络结构，将上一层的三维矩阵转化为下一层的三维矩阵，直到最后的全连接层。

② 卷积层。从名字就可以看出，卷积层是一个卷积神经网络中最重要的部分。和传统全连接层不同，卷积层中的每一个节点的输入只是上一层神经网络中的一小块，这个小块的大小有 3×3 或者 5×5 两种。卷积层试图将神经网络中的每一个小块进行更加深入的分析，从而得到抽象程度更高的特征。一般来说，通过卷积层处理的节点矩阵会变得更深，所以图 3-15 中可以看到经过卷积层之后的节点矩阵的深度会增加。

③ 池化层。池化层神经网络不会改变三维矩阵的深度，但是它可以缩小矩阵的大小。池化操作可以认为是将一张分辨率较高的图片转化为分辨率较低的图片。通过池化层，可以进一步缩小最后全连接层中节点的个数，从而达到减少整个神经网络中的参数的目的。

④ 全连接层。如图 3-15 所示，在经过多轮卷积层和池化层处理之后，在卷积神经网络的最后一般会由 1 ~ 2 个全连接层来给出最后的分类结果。经过几轮的卷积层和池化层的处理之后，可以认为图像中的信息已被抽象成了信息含量更高的特征。我们可以将卷积层和池化层看成图像特征自动提取的过程。在特征提取完成之后，仍然需要使用全连接层来完成分类任务。

⑤ Softmax 层。Softmax 层主要用于分类问题。经过 Softmax 层，可以得到当前样例中属于不同种类的概率分布情况。

（2）关于 MNIST 数据集

当我们开始学习编程的时候，第一件事往往是学习打印“Hello World”。和编程入门有 Hello World 一样，机器学习入门有 MNIST。

MNIST 是一个入门级的计算机视觉数据集，它包含各种手写数字图片，如图 3-16 所示。

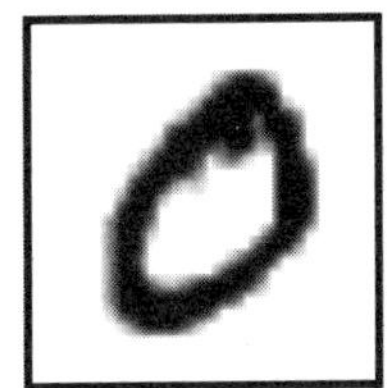
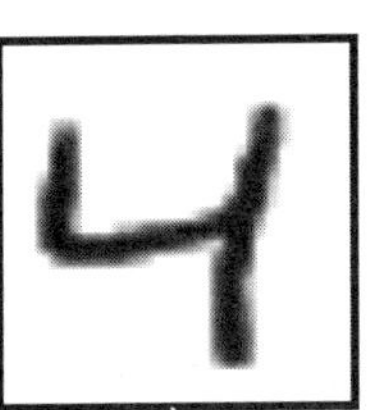

图 3-16 MNIST 数据集图片展示

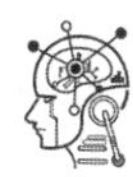

它也包含每一张图片对应的标签，告诉我们这个是数字几。比如，上面这四张图片的标签分别是 5、0、4、1。

在 MNIST数据集的官网下载下来的数据集被分成两部分：60000 行的训练数据集（mnist.train）和 10000 行的测试数据集（mnist.test）。这样的切分很重要，在机器学习模型设计时必须有一个单独的测试数据集不用于训练而是用来评估这个模型的性能，从而更加容易把设计的模型推广到其他数据集上（泛化）。

正如前面提到的一样，每一个 MNIST 数据单元由两部分组成：一张包含手写数字的图片和一个对应的标签。我们把这些图片设为“xs”，把这些标签设为“ys”。训练数据集和测试数据集都包含 xs 和 ys，比如训练数据集的图片是 mnist.train.images ，训练数据集的标签是 mnist.train.labels。

每一张图片包含（像素）28 × 28。我们可以用一个数字数组来表示这张图片，如图 3-17 所示。

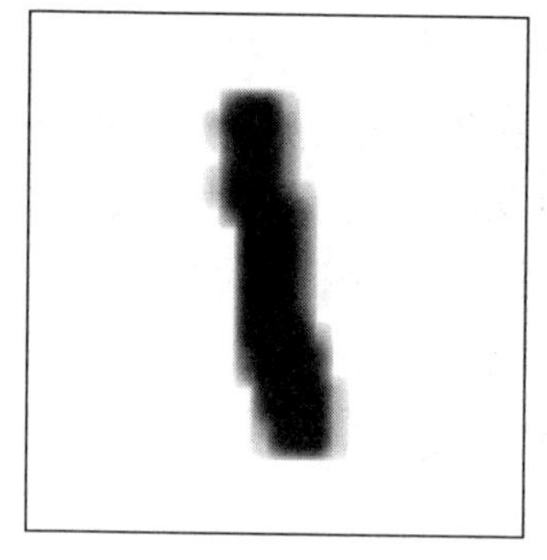

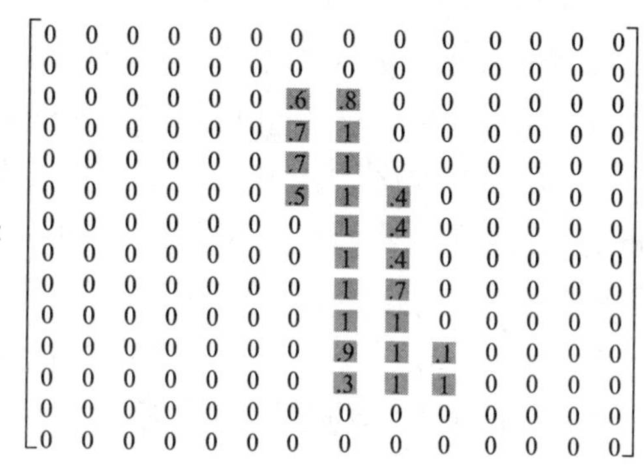

图 3-17 数字图片及其像素矩阵

我们把这个数组展开成一个向量，其长度是 28 × 28=784。如何展开这个数组（数字间的顺序）不重要，只要保持各个图片采用相同的方式展开。从这个角度来看，MNIST 数据集的图片就是在 784 维向量空间里面的点，并且拥有比较复杂的结构。

在 MNIST 训练数据集中，mnist.train.images 是一个形状为 [60000,784] 的张量，第一个维度数字用来索引图片，第二个维度数字用来索引每张图片中的像素点。在此张量里的每一个元素，都表示某张图片里的某个像素的强度值，值介于 0 和 1 之间。如图 3-18 所示。

相对应的 MNIST 数据集的标签是介于 0 到 9 的数字，用来描述给定图片里表示的数字。为了便于使用，我们把标签数据看成“one-hot vectors”。一

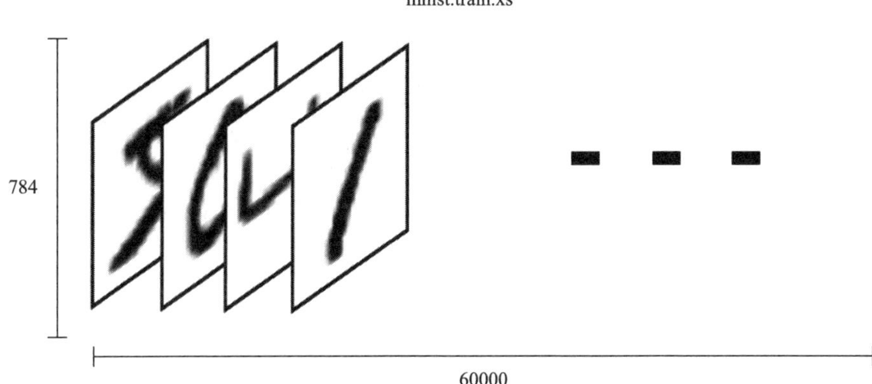

图 3-18　MNIST 训练集示意图

个 one-hot 向量除了某一位的数字是 1 以外，其余各维度数字都是 0。因此，数字 n 将表示成一个只有在第 n 维度（从 0 开始）数字为 1 的 10 维向量。比如，标签 0 将表示成 ([1,0,0,0,0,0,0,0,0,0,0])。因此，mnist.train.labels 是一个 [60000,10] 的数字矩阵。如图 3-19 所示。

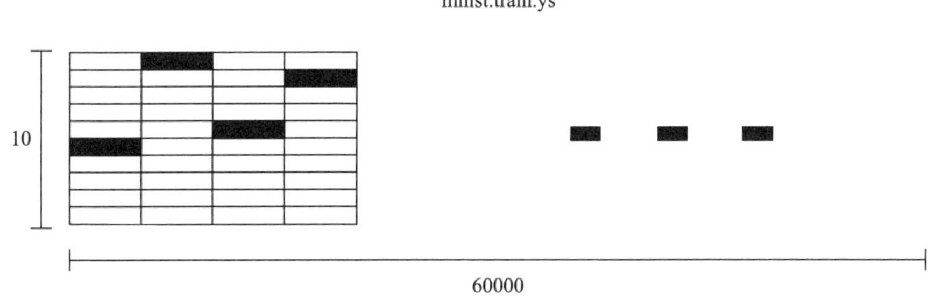

图 3-19　MNIST 标签示意图

下面我们将要介绍应用于 MNIST 数据集上的 LeNet-5 模型及其代码实现。

（3）LeNet-5 模型

LeNet-5 模型是由 Yann LeCun 教授于 1988 年提出的，它是第一个成功运用于数字识别问题的卷积神经网络。在 MNIST 数据集上，LeNet 模型可以达到 99% 以上的正确率。LeNet-5 模型共有 7 层，图 3-20 展示了该模型的结构。

下面将介绍 LeNet-5 模型的每一层的结构。

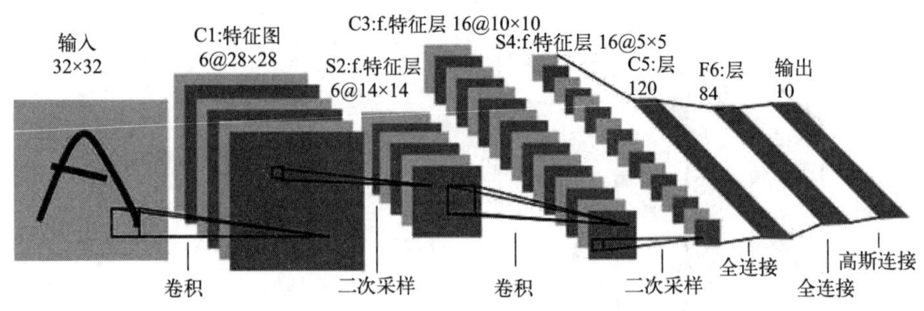

图 3-20 LeNet-5 模型结构图

① LeNet-5 第一层：卷积层 C1。该层的输入就是原始的图像像素，LeNet-5 模型接受的输入层大小为 32×32×1。该层过滤器大小为 5×5，深度为 6 且步长为 1。该层的输出尺寸为 28，深度为 6。该层共有 5×5×1×6+6=156 个参数，其中 6 个为偏置项参数。

② LeNet-5 第二层：池化层 S2。这一层的输入为上一层的输出，是一个 28×28×6 的节点矩阵。本层采用的过滤器大小为 2×2，且步长为 2，所以本层的输出矩阵为 14×14×6。

③ LeNet-5 第三层：卷积层 C3。卷积层和 C1 相同，不同的是 C3 的节点 S2 相连。本层的输入矩阵大小为 14×14×6，使用的过滤器大小为 5×5，深度为 16 且步长为 1，本层的输出矩阵大小为 10×10×16。该层有 5×5×6×16+16=2416 个参数，共有 10×10×16×(25+1)=41600 个连接。

④ LeNet-5 第四层：池化层 S4。本层输入矩阵的大小为 10×10×16，过滤器大小为 2×2，步长为 2。本层的输出矩阵大小为 5×5×16。

⑤ LeNet-5 第五层：全连接层 C5。本层的输入矩阵的大小为 5×5×16，输出节点为 120 个，所以共有 5×5×16×120+120 = 48120 个参数，同样有 48120 个连接。

⑥ LeNet-5 第六层：全连接层 F6。F6 层有 120 个输入节点，84 个输出节点，总共参数为 120×84+84=10164 个参数。

⑦ LeNet-5 第七层：全连接层 Output。本层共有 10 个节点，分别代表数字 0 到 9，如果节点 i 的输出值为 0，则网络识别的结果是数字 i。本层输入节点个数为 84 个，输出节点的个数为 10 个，总共的参数为 84×10+10=850 个。

下面我们将给出 TensorFlow 的程序来实现一个类似 LeNet-5 模型的卷积神经网络，解决 MNIST 数字识别问题。代码将分成 3 个程序，第一个是

mnist_interface.py，它定义了前向传播的过程以及神经网络中的参数。第二个是 mnist_train.py，它定义了神经网络训练的过程。

下面给出了 mnist_interface.py 的具体代码。

```
    import TensorFlow as tf
    INPUT_NODE = 784
    OUTPUT_NODE = 10
    #配置神经网络的参数
    IMAGE_SIZE = 28
    NUM_CHANNELS = 1
    NUM_LABELS = 10
    #第一层卷积层的尺寸和深度
    CONV1_DEEP = 32
    CONV1_SIZE = 5
    #第二层卷积层的尺寸和深度
    CONV2_DEEP = 64
    CONV2_SIZE = 5
    #全连接层的节点个数
    FC_SIZE = 512
    #定义卷积神经网络的前向传播过程。这个函数中的 train 参数，用于区分训练
过程和测试过程，其中这段代码中的 dropout 方法可以进一步提高模型可靠性并防止
过拟合
    def inference(input_tensor, train, regularizer):
        #声明第一层卷积层的变量并实现前向传播过程
        with tf.variable_scope('layer1-conv1'):
            conv1_weights = tf.get_variable(
                "weight", [CONV1_SIZE, CONV1_SIZE, NUM_CHANNELS, CONV1_DEEP],
                initializer=tf.truncated_normal_initializer(stddev=0.1))
            conv1_biases = tf.get_variable(
                "bias",[CONV1_DEEP],initializer=tf.constant_initializer(0.0))
                #使用边长为5深度为32的过滤器，过滤器移动步长为1，且全0填充
            conv1 = tf.nn.conv2d(
                input_tensor, conv1_weights, strides=[1,1,1,1], padding='SAME')
            relu1 = tf.nn.relu(tf.nn.bias_add(conv1, conv1_biases))
    #实现第二层池化层的前向传播过程。使用的过滤器边长为2步长为2且全0填充
     with tf.name_scope("layer2-pool1"):
        pool1 = tf.nn.max_pool(
            relu1, ksize = [1,2,2,1],strides=[1,2,2,1],padding="SAME")
     #实现第三层的前向传播过程
     with tf.variable_scope("layer3-conv2"):
```

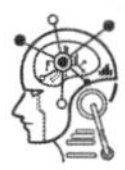

```
        conv2_weights = tf.get_variable(
            "weight", [CONV2_SIZE, CONV2_SIZE, CONV1_DEEP, CONV2_DEEP],
            initializer=tf.truncated_normal_initializer(stddev=0.1))
        conv2_biases = tf.get_variable(
            "bias", [CONV2_DEEP], initializer=tf.constant_initializer(0.0))
  # 使用的过滤器边长为 5，深度为 64，移动步长为 1 且全 0 填充
       conv2 = tf.nn.conv2d(
           pool1, conv2_weights, strides=[1, 1, 1, 1], padding='SAME')
           relu2 = tf.nn.relu(tf.nn.bias_add(conv2, conv2_biases))
    # 实现第四层池化层的前向传播过程。其结构与第二层一样
    with tf.name_scope("layer4-pool2"):
           pool2 = tf.nn.max_pool(
               relu2, ksize=[1, 2, 2, 1], strides=[1, 2, 2, 1], padding='SAME')
           # 将第四层的输出转化为第五层全连接层的输入格式
           pool_shape = pool2.get_shape().as_list()
           nodes = pool_shape[1] * pool_shape[2] * pool_shape[3]
           reshaped = tf.reshape(pool2, [pool_shape[0], nodes])
    # 声明第五层全连接层的变量并实现前向传播过程
    with tf.variable_scope('layer5-fc1'):
         fc1_weights = tf.get_variable("weight", [nodes, FC_SIZE],
             initializer=tf.truncated_normal_initializer(stddev=0.1))
         if regularizer != None:
              tf.add_to_collection('losses', regularizer(fc1_weights))
         fc1_biases = tf.get_variable(
              "bias", [FC_SIZE], initializer=tf.constant_initializer(0.1))
         fc1 = tf.nn.relu(tf.matmul(reshaped, fc1_weights) + fc1_biases)
         if train: fc1 = tf.nn.dropout(fc1, 0.5)
    # 声明第六层全连接层的变量并实现前向传播过程
    with tf.variable_scope('layer6-fc2'):
         fc2_weights = tf.get_variable(
             "weight", [FC_SIZE, NUM_LABELS],
             initializer=tf.truncated_normal_initializer(stddev=0.1))
         if regularizer != None:
            tf.add_to_collection('losses', regularizer(fc2_weights))
         fc2_biases = tf.get_variable(
            "bias", [NUM_LABELS], initializer=tf.constant_initializer(0.1))
            logit = tf.matmul(fc1, fc2_weights) + fc2_biases
    # 返回第六层的输出
    return logit
```

mnist_interface.py 这个程序定义了神经网络的前向传播算法，无论在测试中还是训练中，都可以直接调用 interface 函数。下面将给出神经网络训练程序 mnist_train.py。

```
import TensorFlow as tf
from TensorFlow.examples.tutorials.mnist import input_data
# 加载 mnist_interface.py 中定义的常量和前向传播函数
import mnist_infernece
import os
import numpy as np
BATCH_SIZE = 100
LEARNING_RATE_BASE = 0.01
LEARNING_RATE_DECAY = 0.99
REGULARIZATION_RATE = 0.0001
TRAINING_STEPS = 6000
MOVING_AVERAGE_DECAY = 0.99
def train(mnist):
    # 定义输出为 4 维矩阵的 placeholder
    x = tf.placeholder(tf.float32, [
            BATCH_SIZE,
            mnist_infernece.IMAGE_SIZE,
            mnist_infernece.IMAGE_SIZE,
            mnist_infernece.NUM_CHANNELS],
        name='x-input')
    y_ = tf.placeholder(
        tf.float32, [None, mnist_infernece.OUTPUT_NODE], name='y-input')
    regularizer = tf.contrib.layers.l2_regularizer(REGULARIZATION_RATE)
    y = mnist_infernece.inference(x,False,regularizer)
    global_step = tf.Variable(0, trainable=False)
    # 定义损失函数、学习率、滑动平均操作以及训练过程
    variable_averages = tf.train.ExponentialMovingAverage(
        MOVING_AVERAGE_DECAY, global_step)
    variables_averages_op=variable_averages.apply(
        tf.trainable_variables())
    cross_entropy = tf.nn.sparse_softmax_cross_entropy_with_logits(
        logits=y, labels=tf.argmax(y_, 1))
    cross_entropy_mean = tf.reduce_mean(cross_entropy)
    loss = cross_entropy_mean + tf.add_n(tf.get_collection('losses'))
    learning_rate = tf.train.exponential_decay(
        LEARNING_RATE_BASE,
```

```
            global_step,
            mnist.train.num_examples / BATCH_SIZE,
            LEARNING_RATE_DECAY,
            staircase=True)
        train_step = tf.train.GradientDescentOptimizer(learning_rate)
            .minimize(loss, global_step=global_step)
        with tf.control_dependencies([train_step, variables_averages_op]):
            train_op = tf.no_op(name='train')
        # 初始化 TensorFlow 持久化类
        saver = tf.train.Saver()
        with tf.Session() as sess:
            tf.global_variables_initializer().run()
            for i in range(TRAINING_STEPS):
            xs, ys = mnist.train.next_batch(BATCH_SIZE)
            reshaped_xs = np.reshape(xs, (
                BATCH_SIZE,
                mnist_infernece.IMAGE_SIZE,
                mnist_infernece.IMAGE_SIZE,
                mnist_infernece.NUM_CHANNELS))
            _, loss_value, step = sess.run([train_op, loss, global_step],
                feed_dict={x: reshaped_xs, y_: ys})
            if i % 1000 == 0:
                print("After %d training step(s), loss on training batch is %g."
                    % (step, loss_value))
    def main(argv=None):
        mnist = input_data.read_data_sets("path/to/MNIST_data", one_hot=True)
        train(mnist)

    if __name__ == '__main__':
        main()
```

3.3.4 TensorFlow 的高层封装

虽然原生态的 TensorFlow API 可以很灵活地支持不同的神经网络结构，但是其代码相对比较冗长，写起来比较麻烦。为了让 TensorFlow 用起来更加方便，可以使用一些 TensorFlow 的高层封装。

目前比较主流的 TensorFlow 高层封装主要有 TensorFlow-Slim、Keras 和 Estimator。下面将一一介绍。

（1）TensorFlow-Slim

下面的代码给出了一个使用 TensorFlow-Slim 在 MNIST 数据集上实现 LeNet-5 模型的示例。

```
import TensorFlow as tf
import TensorFlow.contrib.slim as slim
import numpy as np
from TensorFlow.examples.tutorials.mnist import input_data
# 通过 TensorFlow-Slim 来定义 LeNet-5 的网络结构
def lenet5(inputs):
    #将输入数据转化为 4 维数组，第一维表示一个 batch 的大小，后面三维表示图片
    inputs = tf.reshape(inputs, [-1, 28, 28, 1])
#定义卷积层
    net = slim.conv2d(inputs, 32, [5, 5], padding='SAME', scope='
    layer1-conv')
    #定义一个最大池化层，过滤器大小为 2×2，步长为 2
    net = slim.max_pool2d(net, 2, stride=2, scope='layer2-max-pool')
    net = slim.conv2d(net, 64, [5, 5], padding='SAME', scope='layer3-conv')
    net = slim.max_pool2d(net, 2, stride=2, scope='layer4-max-pool')
    #使用 TensorFlow 封装好的 flatten 将 4 维转为 2 维
    net = slim.flatten(net, scope='flatten')
    #通过 TensorFlow-Slim 定义全连接层，该层有 500 个隐藏节点
     net = slim.fully_connected(net, 500, scope='layer5')
     net = slim.fully_connected(net, 10, scope='output')
     return net
#通过 TensorFlow-Slim 定义网络结构
def train(mnist):
     #定义输入
     x = tf.placeholder(tf.float32, [None, 784], name='x-input')
     y_ = tf.placeholder(tf.float32, [None, 10], name='y-input')
     #定义网络结构
     y = lenet5(x)
     #定义损失函数和训练方法
     cross_entropy = tf.nn.sparse_softmax_cross_entropy_with_logits(
         logits=y, labels=tf.argmax(y_, 1))
     loss = tf.reduce_mean(cross_entropy)
     train_op = tf.train.GradientDescentOptimizer(0.01).minimize(loss)
     #训练过程
     with tf.Session() as sess:
```

```
            tf.global_variables_initializer().run()
            for i in range(3000):
                xs, ys = mnist.train.next_batch(100)
                _, loss_value = sess.run([train_op, loss], feed_dict={x: xs,
                y_: ys})

            if i % 1000 == 0:
             print("After %d training step(s), loss on training batch is %g."
                 % (i, loss_value))
def main(argv=None):
    mnist = input_data.read_data_sets("path/to/MNIST_data", one_hot=True)
    train(mnist)

if __name__ == '__main__':
    main()
```

从上面的代码可以看出，使用 TensorFlow-Slim 可以大幅减少代码量，省去很多与网络结构无关的变量声明的代码。虽然 TensorFlow-Slim 可以起到简化代码的作用，但是在实际应用中，使用 TensorFlow-Slim 定义网络结构的情况相对较少，因为它既不如原生的 TensorFlow 灵活，也不如下面将要介绍的其他高层封装简洁。但除了简化定义神经网络结构的代码量，使用 TensorFlow-Slim 的一个最大好处就是它直接实现了一些经典的卷积神经网络，并且 Google 提供了这些神经网络在 ImageNet 上训练好的模型。Google 提供的训练好的模型可以在 github 上 TensorFlow/models/slim 目录下找到。

(2) Keras

Keras 是目前使用最为广泛的深度学习工具之一，它的底层可以支持 TensorFlow、MXNet 等。如今，Keras 更是被直接引入了 TensorFlow 的核心代码库，成为了 TensorFlow 官方提供的高层封装库之一。Keras API 也对模型定义、损失函数、训练过程等进行了封装，封装之后的整个训练过程可分为数据处理、模型定义和模型训练三个部分。使用原生的 Keras 包需要先安装 Keras 包，安装命令如下：

```
pip install keras
```

以下的代码展示了如何使用原生的 Keras 在 MNIST 数据集上实现 LeNet-5 模型。

```
import keras
from keras.datasets import mnist
```

```
from keras.models import Sequential
from keras.layers import Dense, Flatten, Conv2D, MaxPooling2D
from keras import backend as K
num_classes = 10
img_rows, img_cols = 28, 28

# 通过 Keras 封装好的 API 加载 MNIST 数据。其中 trainX 就是一个 60000×
28×28 的数组
# trainY 是每一张图片对应的数字
(trainX, trainY), (testX, testY) = mnist.load_data()

# 根据对图像编码的格式要求来设置输入层的格式
if K.image_data_format() == 'channels_first':
    trainX = trainX.reshape(trainX.shape[0], 1, img_rows, img_cols)
    testX = testX.reshape(testX.shape[0], 1, img_rows, img_cols)
    input_shape = (1, img_rows, img_cols)
else:
    trainX = trainX.reshape(trainX.shape[0], img_rows, img_cols, 1)
    testX = testX.reshape(testX.shape[0], img_rows, img_cols, 1)
    input_shape = (img_rows, img_cols, 1)
# 将图像像素转化为 0 到 1 的实数
trainX = trainX.astype('float32')
testX = testX.astype('float32')
trainX /= 255.0
testX /= 255.0

# 将标准答案转化为需要的格式（one-hot 编码）
trainY = keras.utils.to_categorical(trainY, num_classes)
testY = keras.utils.to_categorical(testY, num_classes)
# 使用 Keras API 定义模型
model = Sequential()
# 深度为 32、过滤器大小为 5×5 的卷积层，下同
model.add(Conv2D(32, kernel_size=(5, 5),
     activation='relu', input_shape=input_shape))
# 过滤器为 2×2的最大池化层，下同
model.add(MaxPooling2D(pool_size=(2, 2)))
model.add(Conv2D(64, (5, 5), activation='relu'))
model.add(MaxPooling2D(pool_size=(2, 2)))
# 将上一层的输出拉直后作为下面全连接层的输入
model.add(Flatten())
```

```
model.add(Dense(500, activation='relu'))
model.add(Dense(num_classes, activation='softmax'))
# 定义损失函数、优化函数和评测方法
model.compile(loss=keras.losses.categorical_crossentropy,
              optimizer=keras.optimizers.SGD(),
              metrics=['accuracy'])
model.fit(trainX, trainY,
          batch_size=128,
          epochs=10,
          validation_data=(testX, testY))
# 在测试数据上计算准确率
score = model.evaluate(testX, testY)
print('Test loss:', score[0])
print('Test accuracy:', score[1])
```

从以上代码可以看出，使用 Keras API 训练模型可以先定义一个 Sequential 类，然后在 Sequential 实例中通过 add 函数添加网络层。Keras 把卷积层、池化层、RNN 结构、全连接层等常用的神经网络结构都做了封装，可以很方便地实现深层神经网络。在神经网络定义好之后，Sequential 实例可以通过 compile 函数，指定优化函数、损失函数以及训练过程中需要监控的指标等。

（3）Estimator

除了第三方提供的 TensorFlow 高层封装的 API，TensorFlow 从 1.3 版本开始也推出了官方支持的高层封装 tf.estimator，下文中我们将它简称为 Estimator。因为 Estimator 是 TensorFlow 官方提供的高层 API，所以它更好地整合了原生 TensorFlow 提供的功能。

下面将给出在 MNIST 数据集上，通过 Estimator 实现全连接神经网络的代码。

```
import numpy as np
import TensorFlow as tf
from TensorFlow.examples.tutorials.mnist import input_data
#将 TensorFlow 日志信息输出到屏幕
tf.logging.set_verbosity(tf.logging.INFO)
mnist = input_data.read_data_sets("path/to/MNIST_data", one_hot=False)
# 定义模型的输入
feature_columns = [tf.feature_column.numeric_column("image", shape=[784])]
```

```
# 通过 DNNClassifier 定义模型。DNNClassifier 只能定义多层全连接层神经网络
estimator = tf.estimator.DNNClassifier(feature_columns=feature_columns,
                                       hidden_units=[500],
                                       n_classes=10,
                                       optimizer=tf.train.AdamOptimizer(),
                                       model_dir="log")
# 定义数据的输入
train_input_fn = tf.estimator.inputs.numpy_input_fn(
      x={"image": mnist.train.images},
      y=mnist.train.labels.astype(np.int32),
      num_epochs=None,
      batch_size=128,
      shuffle=True)
# 训练模型
estimator.train(input_fn=train_input_fn, steps=10000)
# 定义测试时的数据输入
test_input_fn = tf.estimator.inputs.numpy_input_fn(
      x={"image": mnist.test.images},
      y=mnist.test.labels.astype(np.int32),
      num_epochs=1,
      batch_size=128,
      shuffle=False)
# 通过 evaluate 评测训练好的模型
test_results = estimator.evaluate(input_fn=test_input_fn)
accuracy_score = test_results["accuracy"]
print("\nTest accuracy: %g %%" % (accuracy_score*100))
```

从上面的代码可以看出，使用预先定义好的 Estimator 可以更加深层次地封装神经网络定义和训练的过程。在这个过程中，用户只需要关注模型的输入以及模型的结构。然而预先定义好的 Estimator 功能有限，所以 Estimator 也支持使用自定义的模型结构。

第4章

机器视觉应用开发

思维导图

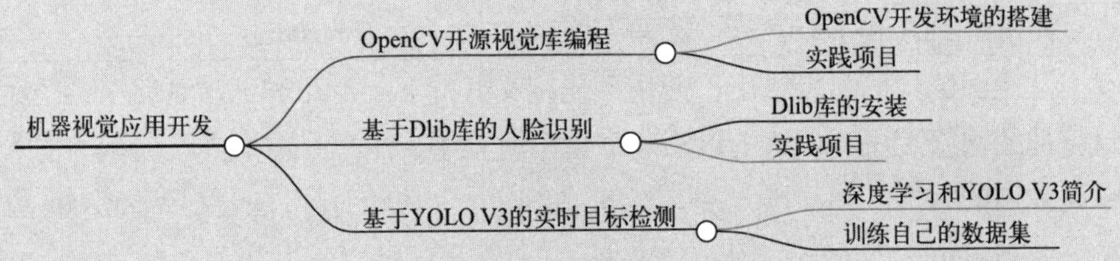

机器视觉是人工智能发展中一个快速发展的分支，此技术利用机器代替人眼进行测量和判断。该技术通过使用相机、摄像机等设备，并结合机器视觉算法，赋予智能设备类似人眼的功能，从而实现物体识别、检测、测量等功能。

机器视觉系统通过机器视觉产品（如图像采集装置）将被摄取的目标转换为图像信号，然后传送给专用的图像处理系统，以获取被摄取目标的形态信息。根据像素分布、亮度、颜色等信息，这些图像信号被转化为数字信号。图像处理系统对这些信号进行各种运算，以提取目标的特征，并根据识别结果控制设备的动作。

根据应用场景和功能要求的不同，机器视觉可以采用多种不同的实现方法。早期使用 OpenCV 软件包可以实现对原始图像的预处理以及基于特征的物体识别等功能，并具有较快的速度。然而，这种方法难以满足需要进行特征提取和复杂度较高的识别要求。使用深度学习框架是提高识别准确率的主要方法，但该方法速度较慢，尤其在传统的嵌入式设备中难以满足要求。

因此，目前机器视觉领域存在两种研究趋势。一种是针对特定识别需求进行算法和代码的优化，以提高识别速度和准确率，比如专门针对人脸识别的优化。另一种是提高硬件平台的运行速度，例如使用 GPU 或 NPU 进行加速。

目前存在多种开源的机器视觉算法库，其中常用的包括 OpenCV（开源图像处理和计算机视觉算法库）以及用于目标检测的 YOLO（you only look once）系列库等。这些算法库提供了丰富的功能和算法，可用于开发各种机器视觉的应用。

4.1 OpenCV 开源视觉库编程

OpenCV（open source computer vision library）是一套开放源代码的计算机视觉 API 函数库。它是一个跨平台的计算机视觉库，可在 Linux、Windows、Android 和 Mac OS 等操作系统上运行。OpenCV 基于 BSD 许可（开源许可）发布，它由一系列 C 语言函数和少量 C++ 类构成，占用资源较少且效率非常高。它还提供了 Python、Ruby、MATLAB 等语言的接口，实现了许多通用的图像处理和计算机视觉算法。

OpenCV 库主要使用 C++ 语言编写，并提供了 C++ 的主要接口，同时也保留了许多 C 语言接口。此外，该库还提供了 Python、Java 和 MATLAB/

OCTAVE（2.5 版本）等语言的接口。现在，OpenCV 还提供对 C#、Ch、Ruby 和 GO 等语言的支持。

OpenCV 库包含以下几个模块：

① OpenCV_core——核心功能模块。包括基本结构、算法、线性代数、离散傅里叶变换、XML 和 YML 文件的输入输出等。

② OpenCV_imgpro——图像处理模块。包括滤波、高斯模糊、形态学处理、几何变换、颜色空间转换、直方图等。

③ OpenCV_ml——机器学习模块。包括支持向量机、决策树、Boosting 方法等。

④ OpenCV_objdetect——目标检测模块。包括人脸检测、水杯、车辆等特定物体的检测。

⑤ OpenCV_video——视频模块。包括光流法、背景减除、目标跟踪等。

OpenCV 提供了丰富的功能和算法，可以广泛应用于图像处理和计算机视觉领域。它是一个强大而灵活的工具，可用于开发各种计算机视觉应用。

4.1.1 OpenCV 开发环境的搭建

OpenCV 最方便的开发环境是 Linux 系统。当然，OpenCV 也可以安装到嵌入式系统中，如树莓派系统。由于是针对视觉应用进行开发，因此开发环境还需要配置摄像头设备。以下是OpenCV在PC机上以及树莓派中的安装教程。

（1）OpenCV 在 Ubuntu 上的安装

在 PC 机上安装 OpenCV 开发环境，可以基于 Linux 系统 ，也可以基于 Windows 系统。本节介绍的是基于 Linux 系统的安装过程。建议在 PC 机上使用虚拟机安装 Ubuntu 操作系统，然后在 Ubuntu 中，联网状态下，于终端内键入：sudo apt-get install python3-OpenCV，将自动安装配套的 OpenCV 库。检查是否安装成功，可以在 Python 中，执行以下语句，并且显示出所安装的 OpenCV 版本号（如本次安装的是 4.2.0 版本），则表示安装成功。

```
$ python3
Python 3.8.10 (default, Nov 26 2021, 20:14:08)
[GCC 9.3.0] on linux
Type "help", "copyright", "credits" or "license" for more information.
 >>> import cv2
```

```
>>> print(cv2.__version__)
4.2.0
```

（2）OpenCV 在树莓派上的安装

树莓派通过网线或 WiFi，连接到互联网。由于树莓派电脑的 Linux 系统中缺少一些配套的软件库，需要通过以下步骤进行安装。

① 更新软件源。软件源更新：sudo apt-get update。升级本地所有安装包，执行：sudo apt-get upgrade。

② 依赖库的安装，主要包括图像处理库和视频 IO 库。

执行：

```
sudo apt-get install build-essential cmake git pkg-config
sudo apt-get install libjpeg-dev libtiff5-dev libjasper-dev libpng12-dev
sudo apt-get install libjpeg8-dev
sudo apt-get install libavcodec-dev libavformat-dev libswscale-dev libv4l-dev
sudo apt-get install libxvidcore-dev libx264-dev
sudo apt-get install libgtk2.0-dev
sudo apt-get install libatlas-base-dev gfortran
sudo apt-get install python2.7-dev python3-dev
```

③ 下载 OpenCV 源码。下载解压 OpenCV，执行：

```
sudo wget -O OpenCV-3.4.1.zip https://github.com/Itseez/OpenCV/archive/3.4.1.zip
sudo unzip OpenCV-3.4.1.zip
```

下载解压 OpenCV_contrib 库，执行：

```
sudo wget -O OpenCV-3.4.1.zip https://github.com/Itseez/OpenCV_contrib/archive/3.4.1.zip
sudo unzip OpenCV_contrib-3.4.1.zip
```

④ OpenCV-3.4.1 的编译安装。

进源码文件夹：cd OpenCV-3.4.1

新建 build 文件夹：mkdir build

进入 build 文件夹：cd build

这里我们用 CMake 图形界面配置，这种配置方法更加友好，更直观。

安装 cmake-qt-gui，执行：sudo apt-get install cmake-qt-gui

打开 cmake，执行：cmake-gui。配置如图 4-1 所示。

选择源文件路径，编译文件夹选择刚才新建的 build 文件夹，如图 4-1 所示。

图 4-1　CMake 选择源文件路径

如图 4-2，点击左下角“Configure”，第一次完成是红色的，再点一次就变成白色了。

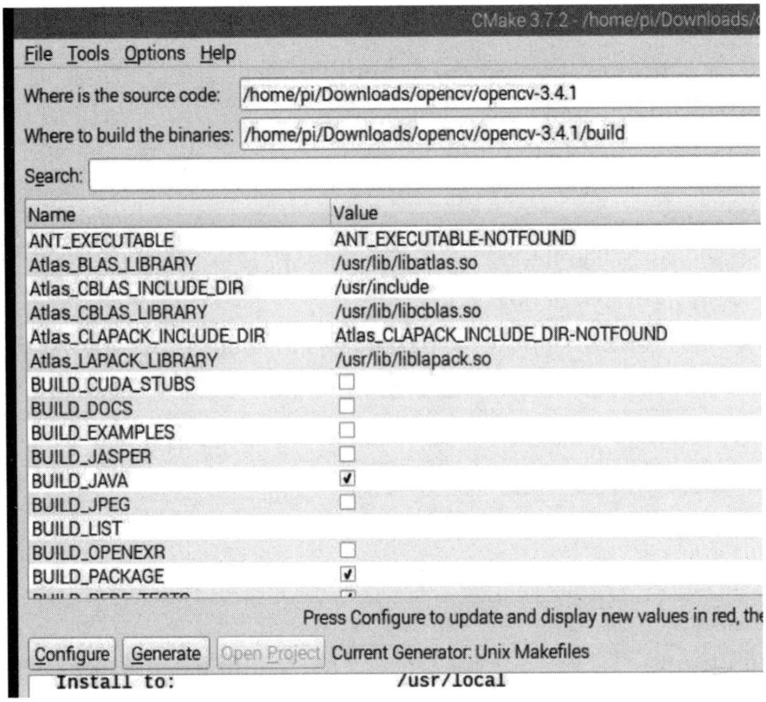

图 4-2　cmake 界面

然后我们查找 OpenCV_EXTRA_MODULES_PATH 项，将 OpenCV_Contrib-3.4.1 的路径填进去，点击“Configure”，如图 4-3 所示。

这样 OpenCV_Contrib-3.4.1 就被添加进去了，然后我们修改关于 Python 的参数，在查找栏键入“PYTHON”，取消 BIULD_OpenCV_python2，勾选 INSTALL_PYTHON_EXMAPLES，这样就设置为编译 Python3 的版本了（见图 4-4），再次点“Configure”。

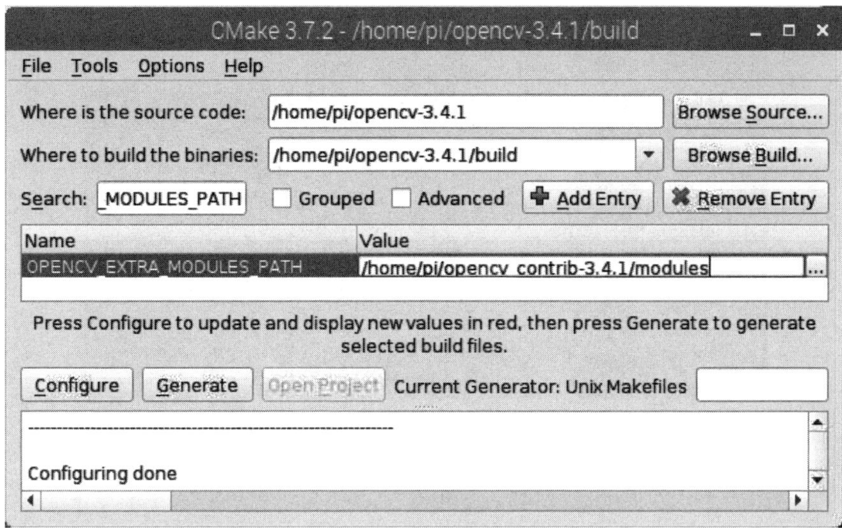

图 4-3　CMake 更改 path 路径

Where to build the binaries: /home/pi/Downloads/opencv/opencv-3.4.1/build

Search: PYTHON

Name	Value
BUILD_opencv_python2	☐
BUILD_opencv_python3	☑
BUILD_opencv_python_bindings_ge...	☑
INSTALL_PYTHON_EXAMPLES	☑
OPENCV_FORCE_PYTHON_LIBS	☐
PYTHON2_EXECUTABLE	/usr/bin/python2.7
PYTHON2_INCLUDE_DIR	/usr/include/python2.7
PYTHON2_INCLUDE_DIR2	
PYTHON2_LIBRARY	/usr/lib/arm-linux-gnueabihf/libpython2.7.so
PYTHON2_LIBRARY_DEBUG	
PYTHON2_NUMPY_INCLUDE_DIRS	/usr/lib/python2.7/dist-packages/numpy/core/include
PYTHON2_PACKAGES_PATH	lib/python2.7/dist-packages
PYTHON3_EXECUTABLE	/home/pi/MyProjects/venv/bin/python3
PYTHON3_INCLUDE_DIR	/usr/include/python3.5m
PYTHON3_INCLUDE_DIR2	

Press Configure to update and display new values in red, then p

Configure　Generate　Open Project　Current Generator: Unix Makefiles

图 4-4　CMake 的 configure 界面

最后，点“Generate”，生成 Makefile。

然后退出 CMake，进入 build 文件夹下，此处再次确认，swap 分区修改为至少 1.5GB。为防止出错，需以管理员身份编译，执行：sudo make，这个过程大约 2h，完成后如图 4-5 所示。

图 4-5　OpenCV 的源码编译

然后安装，执行：sudo make install

最后更新动态链接库，执行 sudo ldconfig

⑤ OpenCV-3.4.1 的测试。在终端上执行：python3，进入交互模式。输入：

```
import cv2
cv2.__verison__
```

验证成功后如图 4-6 所示。

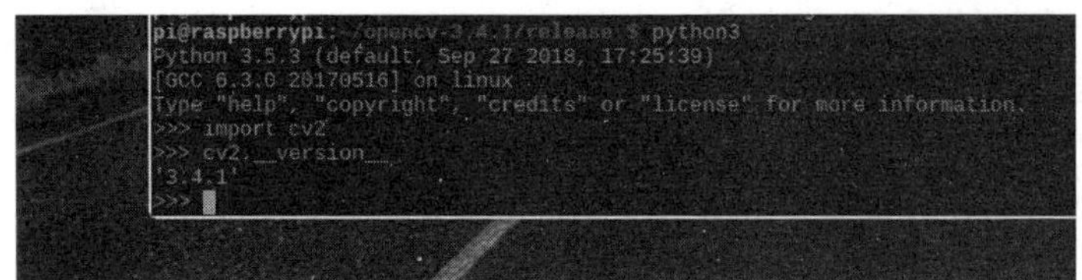

图 4-6　OpenCV 安装测试

⑥ 配置树莓派自带摄像头。打开树莓派终端，执行：sudo raspi-config，出现如图 4-7（a）所示界面。然后选择 Interfacing Options 和 Configure connections to peripherals 。

再选择 Camera，打开摄像头。[见图 4-7（b）]

安装驱动，执行：sudo apt-get install libv4l-dev。

安装完成后，还不能在 /dev 目录下看到设备号，要设置文件，加载驱动，执行：sudo vim /etc/modules，然后在文件最后加入：bcm2835-v4l2。

重启树莓派，查看是否在 /dev 下有 video 设备，通常是 video0 。如果设置完后还是没有设备号，需检查摄像头是否和树莓派接触正常。

```
Raspberry Pi Software Configuration Tool (raspi-config)

1 Change User Password Change password for the current user
2 Network Options      Configure network settings
3 Boot Options         Configure options for start-up
4 Localisation Options Set up language and regional settings to match your location
5 Interfacing Options  Configure connections to peripherals
6 Overclock            Configure overclocking for your Pi
7 Advanced Options     Configure advanced settings
8 Update               Update this tool to the latest version
9 About raspi-config   Information about this configuration tool

          <Select>                                      <Finish>
```

(a)

```
Raspberry Pi Software Configuration Tool (raspi-config)

P1 Camera      Enable/Disable connection to the Raspberry Pi Camera
P2 SSH         Enable/Disable remote command line access to your Pi using SSH
P3 VNC         Enable/Disable graphical remote access to your Pi using RealVNC
P4 SPI         Enable/Disable automatic loading of SPI kernel module
```

(b)

图 4-7　config 界面

验证 OpenCV 和摄像头使用，在代码包中有个 shexiangtou.py 文件，执行该文件，界面显示摄像头视频，如图 4-8 所示。

图 4-8　摄像头显示界面

（3）OpenCV 在 Windows 下的安装

在我们安装 OpenCV 之前，需要先给我们的电脑安装上 Python，对 Python 的版本没有要求。首先从 Python 官网下载想用的 Python 版本的安装包，然后双击安装包安装即可。

安装 Python 时，注意最下面的选项：Add Python 3.6 to PATH，建议选

中，如图 4-9 所示，这样可以省去手动配置环境变量的过程。

安装完 Python，可以在 Windows 的命令提示符界面下，使用 pip 安装 OpenCV。

在命令提示符下输入这一行：pip install OpenCV-python，然后等待下载安装完成即可，这样在 windows 下安装 OpenCV 包的过程就完成了。

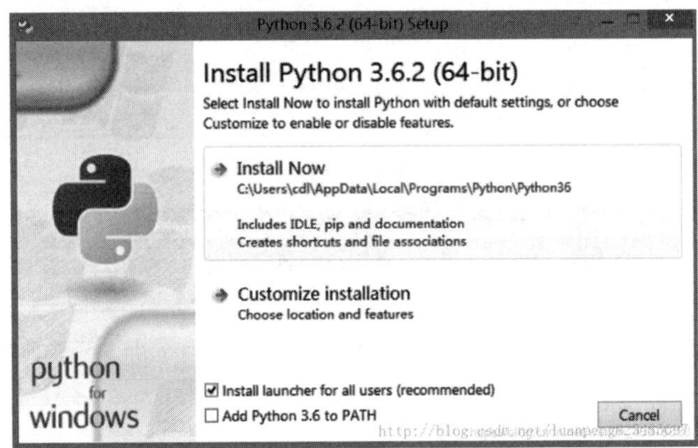

图 4-9　Python 安装界面

4.1.2　实践项目

在安装配置好 OpenCV 后，可以通过以下几个实践项目来学习 OpenCV 的使用。

项目一：读取摄像头视频流获取图像并显示

学习目的： 学习 VideoCapture( )、cap.read( )、cv2.imshow( ) 等基本操作。

以下是源代码 cap.py。

```
# -*- coding: utf-8 -*-
import cv2
cap = cv2.VideoCapture(0)
#ret=cap.set(3,320)    # 宽度
#ret=cap.set(4,240)    # 需要一起用 240×320

#width=cap.get(3)
#height=cap.get(4)
#print(width)
```

```
#print(height)

while True:
   ret,frame = cap.read()     #ret
    # print(frame.shape)
    # Our operations on the frame come here
    # gray = cv2.cvtColor(frame, cv2.COLOR_BGR2GRAY)
    # Display the resulting frame
    cv2.imshow('camera show',frame)
    if cv2.waitKey(1) & 0xFF == ord('q'):
         break
# When everything done, release the capture
cap.release()
cv2.destroyAllWindows()
```

打开命令窗口，输入以下命令运行程序：

```
python ex1-cap.py。
```

ex1-cap.py 为程序文件名称，可根据自己定义的文件名修改上面这一行命令。

注意：在虚拟机安装的 Linux，首先确保 PC 机的摄像头设备挂在虚拟机下。查看 VMWare 中的可移动设备是否连接上，另外注意查看虚拟机 USB 是否为 USB3.0 接口，以免影响摄像头的使用。然后运行：

```
python3 ex1-cap.py
```

项目二：图像灰度化处理

学习目的：学会图像的灰度化处理。

大多数图像在处理之前要进行灰度化处理，这样可以获得较高的处理速度及去除杂色的干扰。项目一中的程序内有一行被注释掉的语句：

```
gray = cv2.cvtColor(frame, cv2.COLOR_BGR2GRAY)
```

该语句就实现了图像的灰度化。将项目一程序的 2 条语句改为：

```
gray = cv2.cvtColor(frame, cv2.COLOR_BGR2GRAY)
cv2.imshow('gray show',gray)
```

可以运行程序，看显示的图像是否变为灰度图。

也可以直接针对现有图片进行处理，如下面的程序就是打开一张彩色图片，灰度化后显示并保存：

```
import cv2
img = cv2.imread("caise.png")
```

```
gray = cv2.cvtColor(img, cv2.COLOR_BGR2GRAY) cv2.imshow('caise', img)
Cv2.imshow('gray', gray) cv2.imwrite('gray.jpg',gray)
```

照一张彩色图片，命名为 caise.png，放置在当前目录下，运行程序：

扫码看彩图

```
python ex2-gray.py
```

运行结果如图 4-10（扫码看彩图）。

图 4-10　图像灰度化处理运行结果

项目三：检测运动目标

学习目的：理解运动目标检测的方法。运动目标检测的方法主要有帧间差分法、光流法、背景减法等。

（1）帧间差分法

帧间差分法简称帧差法，其基本原理是在图像序列相邻两帧或三帧间采用基于像素的时间差分，通过闭值化来提取出图像中的运动区域。帧差法仅仅做运动检测。

首先，将相邻帧图像对应像素值相减得到差分图像，然后对差分图像二值化，在环境亮度变化不大的情况下，如果对应像素值变化小于事先确定的阈值时，可以认为此处为背景像素；如果图像区域的像素值变化很大，可以认为这是图像中物体运动引起的，将这些区域标记为前景像素。利用标记的像素区域可以确定运动目标在图像中的位置。

由于相邻两帧间的时间间隔非常短，用前一帧图像作为当前帧的背景模型具有较好的实时性，其背景不积累，且更新速度快、算法简单、计算量小。算法的不足在于对环境噪声较为敏感，阈值的选择相当关键，选择过低不足以抑制图像中的噪声，过高则忽略了图像中有用的变化。对于比较大的、颜色一致的运动目标，有可能在目标内部产生空洞，无法完整地提取运动目标。

（2）光流法

光流法的主要任务就是计算光流场，即在适当的平滑性约束条件下，根据图像序列的时空梯度估算运动场，通过分析运动场的变化对运动目标和场景进行检测与分割。

通常有基于全局光流场和特征点光流场两种方法。

最经典的全局光流场计算方法是 L-K（Lueas&Kanada）法和 H-S（Hom&Schunck）法，得到全局光流场后通过比较运动目标与背景之间的运动差异对运动目标进行光流分割，缺点是计算量大。特征点光流法通过特征匹配求特征点处的流速，具有计算量小、快速灵活的特点，但稀疏的光流场很难精确地提取运动目标的形状。

总的来说，光流法不需要预先知道场景的任何信息，就能够检测到运动对象，可处理背景运动的情况，但噪声、多光源、阴影和遮挡等因素会对光流场分布的计算结果造成严重影响；而且光流法计算复杂，很难实现实时处理。

（3）背景减法

基本思想是利用背景的参数模型来近似背景图像的像素值，将当前帧与背景图像进行差分比较，实现对运动区域的检测，其中区别较大的像素区域被认为是运动区域，而区别较小的像素区域被认为是背景区域。

背景减除法必须要有背景图像，并且背景图像必须是随着光照或外部环境的变化而实时更新的，因此背景减除法的关键是背景建模及其更新。针对如何建立对于不同场景的动态变化均具有自适应性的背景模型，减少动态场景变化对运动分割的影响，研究人员已提出了许多背景建模算法，但总的来讲可以概括为非回归递推和回归递推两类。非回归背景建模算法是动态地利用从某一时刻开始到当前一段时间内存储的新近观测数据作为样本来进行背景建模。非回归背景建模方法有最简单的帧间差分、中值滤波方法、Toyama 等利用缓存的样本像素来估计背景模型的线性滤波器、Elgammal 等提出的利用一段时间的历史数据来计算背景像素密度的非参数模型等。回归算法在背景估计中无须维持保存背景估计帧的缓冲区，它们是通过回归的方式基于输入的每一帧图

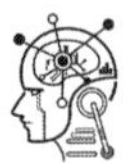

像来更新某个时刻的背景模型。这类方法包括广泛应用的线性卡尔曼滤波法、Stauffe 与 Grimson 提出的混合高斯模型等。

在 OpenCV 中有个 BackgroundSubtractorMOG2 函数，是以高斯混合模型为基础的背景 / 前景分割算法，但该算法只实现了检测部分。这个算法的一个特点是它为每一个像素选择一个合适数目的高斯分布，对亮度等发生变化引起的场景变化可以产生更好的适应。通过 OpenCV 检测运动物体，并通过差分图表示出来。

以下为源码实现。

motion_track.py 的内容如下：

```
#!/usr/bin/python
# -*- coding: utf-8 -*-

from picamera.array import PiRGBArray
from picamera import PiCamera
from functools import partial

from socket import *
import multiprocessing as mp import cv2
import os import time
import httplib, urllib, base64, json import threading

resX = 500
resY = 300

avg = None
es = cv2.getStructuringElement(cv2.MORPH_ELLIPSE, (9, 4))

# 启动并预热摄像头
camera = PiCamera() camera.resolution = (resX, resY) camera.framerate = 30

# 转换输出格式
rawCapture = PiRGBArray(camera, size=(resX, resY)) time.sleep(5)
rawCapture.truncate(0)

for f in camera.capture_continuous(rawCapture, format="bgr", use_video_
port=True):
frame = f.array
```

```
# 调整帧尺寸，转换为灰阶图像并进行模糊
#frame = cv2.resize(frame, width=500)
gray = cv2.cvtColor(frame, cv2.COLOR_BGR2GRAY) gray = cv2.GaussianBlur(gray,
(21, 21), 0)

# 如果平均帧是 None，初始化它
if avg is None:
print "[INFO] starting background model..." avg = gray.copy().
astype("float") rawCapture.truncate(0)
continue

cv2.accumulateWeighted(gray, avg, 0.5)
# 对于每个从背景之后读取的帧都会计算其与背景之间的差异，并得到一个差分图
# (different map)
# 还需要应用阈值来得到一幅黑白图像，并通过下面代码来膨胀（dilate）图像，从
# 而对孔（hole）和缺陷（imperfection）进行归一化处理
diff = cv2.absdiff(gray, cv2.convertScaleAbs(avg))

diff = cv2.threshold(diff, 5, 255, cv2.THRESH_BINARY)[1] # 二值化阈值处理
diff = cv2.dilate(diff, None, iterations=2) # 形态学膨胀
# 显示矩形框
(contours, _) = cv2.findContours(diff.copy(), cv2.RETR_EXTERNAL, cv2.CHAIN_
APPROX_SIMPLE) # 该函数计算一幅图像中目标的轮廓
for c in contours:
# 对于矩形区域，只显示大于给定阈值的轮廓，所以一些微小的变化不会显示
if cv2.contourArea(c) < 5000:
    continue
(x, y, w, h) = cv2.boundingRect(c) # 该函数计算矩形的边界框
cv2.rectangle(frame, (x, y), (x+w, y+h), (0, 0, 255), 2)
print"x=%d y=%d w=%d h=%d " %(x,y,w,h)

cv2.imshow('contours', frame) cv2.imshow('dis', diff)

key = cv2.waitKey(1) & 0xFF
# 按'q'键退出循环
if key == ord('q'):
break
rawCapture.truncate()
```

打开命令行，输入如下命令：

```
    python motion_track.py
```

运行结果如图 4-11 和图 4-12 所示。

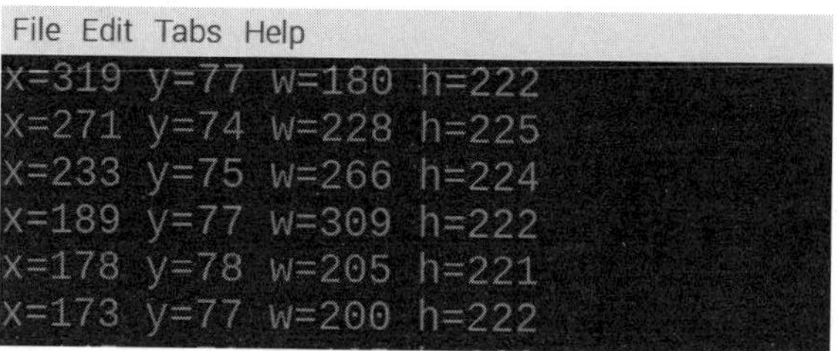

图 4-11　运动物体检测输出 1

图 4-12　运动物体检测输出 2

其中，x、y、w、h 分别表示运动物体被方框框出来的左上角坐标值和方框的宽高值。我们可以看到，OpenCV 通过视频流中两幅连续帧之间的差值来计算是否有物体在运动，进而用红色的矩形框标出运动物体的位置，并用黑白差分图来表示出运动部分。这个小项目是 OpenCV 检测运动物体的一个基本示例。

项目四：轮廓检测

学习目的： 学会轮廓检测。

以下为源码：

```
# -*- coding:utf-8 -*-
import cv2
import numpy as np
import time
if __name__ == '__main__':
 Img = cv2.imread('ex32.png')# 读入一幅图像，这里可以进行修改
 kernel_2 = np.ones((2,2),np.uint8)#2×2 的卷积核
```

```
kernel_3 = np.ones((3,3),np.uint8)#3×3 的卷积核
kernel_4 = np.ones((4,4),np.uint8)#4×4 的卷积核
if Img is not None:# 判断图片是否读入
 HSV = cv2.cvtColor(Img, cv2.COLOR_BGR2HSV)# 把 BGR 图像转换为 HSV 格式
 '''
 #HSV 模型中颜色的参数分别是：色调（H），饱和度（S），明度（V）
 # 下面两个值是要识别的颜色范围
 '''
 Lower = np.array([20, 20, 20])# 要识别颜色的下限
 Upper = np.array([30, 255, 255])# 要识别颜色的上限
 #mask 是把 HSV 图片中在颜色范围内的区域变成白色，其他区域变成黑色
 mask = cv2.inRange(HSV, Lower, Upper)
 # 下面四行是用卷积进行滤波
 erosion = cv2.erode(mask,kernel_4,iterations = 1)
 erosion = cv2.erode(erosion,kernel_4,iterations = 1)
 dilation = cv2.dilate(erosion,kernel_4,iterations = 1)
 dilation = cv2.dilate(dilation,kernel_4,iterations = 1)
 #target 是把原图中的非目标颜色区域去掉，剩下的图像
 target = cv2.bitwise_and(Img, Img, mask=dilation)
 # 将滤波后的图像变成二值图像放在 binary 中
 ret, binary = cv2.threshold(dilation,127,255,cv2.THRESH_BINARY)
 # 在 binary 中发现轮廓，轮廓按照面积从小到大排列
 #python2 中不需要 binary 作为返回值
 #contours,hierarchy =
cv2.findContours(binary,cv2.RETR_EXTERNAL,cv2.CHAIN_APPROX_SIMPLE)
 # 下列语句在 python3 中使用
 binary,contours,hierarchy =
cv2.findContours(binary,cv2.RETR_EXTERNAL,cv2.CHAIN_APPROX_SIMPLE)
 # 寻找最大面积的轮廓，并标注上矩形框
 maxArea = 0
 maxContour = contours
 for i in contours:# 遍历所有的轮廓
   area = cv2.contourArea(i);
   if area > maxArea:
      maxArea = area
      maxContour = i
 x,y,w,h = cv2.boundingRect(maxContour)# 将轮廓分解为识别对象的左上角坐标
 和宽、高
 # 在图像上画上矩形（图片、左上角坐标、右下角坐标、颜色、线条宽度）
 cv2.rectangle(Img,(x,y),(x+w,y+h),(0,255,),3)
```

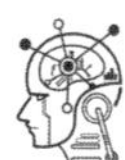

```
 p=0
 for i in contours:# 遍历所有的轮廓
  x,y,w,h = cv2.boundingRect(i)# 将轮廓分解为识别对象的左上角坐标和宽、高
  # 在图像上画上矩形（图片、左上角坐标、右下角坐标、颜色、线条宽度）
  #cv2.rectangle(Img,(x,y),(x+w,y+h),(0,255,),3)
  #cv2.drawContours(Img,contours,p,(0,0,255),3)
  # 给识别对象写上标号
  font=cv2.FONT_HERSHEY_SIMPLEX
  cv2.putText(Img,str(p),(x-10,y+10), font, 1,(0,0,255),2)# 加减 10 是调整字
  符位置
  p +=1
 print '黄色物体的数量是',p,'个'# 终端输出目标数量
 cv2.imshow('target', target)
 #cv2.imshow('Mask', mask)
 #cv2.imshow("prod", dilation)
 cv2.imshow('Img', Img)
 cv2.imwrite('Img.png', Img)# 将画上矩形的图形保存到当前目录
while True:
 Key = chr(cv2.waitKey(15) & 255)
 if Key == 'q':
  cv2.destroyAllWindows()
  break
```

该程序可以识别出图像中的黄色物体轮廓，并找出其中面积最大的黄色物体。效果如图 4-13 所示（扫码看彩图）。

扫码看彩图

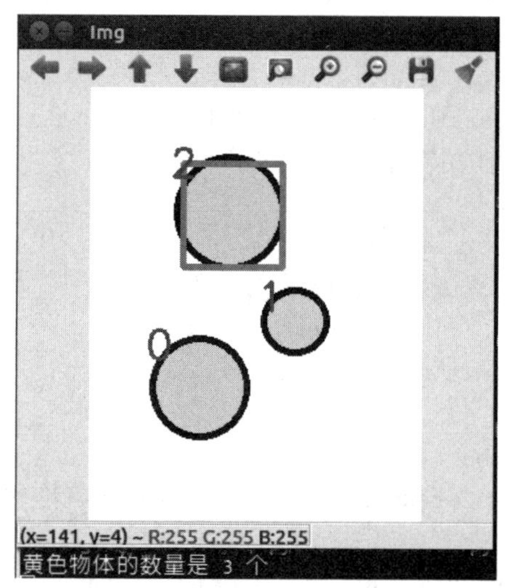

图 4-13　轮廓检测程序输出

4.2　基于 Dlib 库的人脸识别

人脸识别是机器视觉中常见的应用之一，目前通常使用深度学习算法来实现。Dlib 是一个包含机器学习算法的 C++ 开源工具包，可用于构建各种复杂的机器学习软件以解决实际问题。Dlib 具有完善的文档和高质量的可移植代码，因此在行业和学术领域被广泛应用，涵盖机器人、嵌入式设备、高性能计算环境等领域。

基于 Dlib 库实现人脸识别可以简化复杂的机器学习算法，快速构建应用程序。其中，FaceRecgonize 软件包对 Dlib 进行了二次封装，并通过 Python 语言将其封装为一个简单易用的人脸识别 API 库。该库屏蔽了人脸识别算法的细节，大大降低了人脸识别功能的开发难度。

4.2.1　Dlib 库的安装

（1）升级 pip、setuptools、wheel 库

Python 和 OpenCV 安装好后再去安装 Dlib，打开命令提示符依次输入以下三行命令，一行一行地输入，等上一行升级完成再输入下一行：

```
pip install --upgrade pip
pip install --upgrade setuptools
pip install --upgrade wheel
```

（2）安装 dlib

依旧是命令行输入：pip install dlib

安装成功会显示图 4-14 所示内容。

```
Successfully installed dlib-19.23.1
```

图 4-14　安装成功

输入：pip list

检测是否安装成功，安装成功后，库的列表里有如图 4-15 所示的内容：

```
dlib                                    19.23.1
```

图 4-15　检测库列表

（3）安装 face_recognition

命令行输入：pip install face_recognition

安装成功会显示如图 4-16 所示内容。

```
Successfully installed asttokens-2.0.5 executing-0.8.3 face_recognition-1.3.0 i-2.1.0
```

图 4-16　安装成功提示

再次输入：pip list

检测是否安装成功，安装成功后库的列表里有如图 4-17 所示内容：

图 4-17　库列表检查

至此环境搭建完成。

4.2.2　实践项目

项目一：基于 Dlib 库人脸特征提取

学习目的：构建自己的人脸数据集。

基于 Dlib 库对人脸特征进行提取，在视频流中抓取人脸特征并保存为 64×64 大小的图片文件。

需要注意的是，我们后面会对人脸数据集进行训练识别，因此，这一步非常重要。光线曝光和黑暗的图片应手动剔除。

摄像头的清晰度也比较重要——尽量用同一设备来采取数据集及实现人脸识别，即在哪台电脑识别，就要用哪台电脑做数据集采集。若采集与识别使用不同的电脑，因不同电脑的摄像头配置不一样，在后面的训练中可能会出现不能识别或识别错误的情况。

源码：

```
import cv2
import dlib
import os
import sys
import random
# 存储位置
output_dir = 'D:/myworkspace/JupyterNotebook/People/person/person1'
```

```
size = 64

if not os.path.exists(output_dir):
    os.makedirs(output_dir)
# 改变图片的亮度与对比度

def relight(img, light=1, bias=0):
    w = img.shape[1]
    h = img.shape[0]
    #image = []
    for i in range(0,w):
        for j in range(0,h):
            for c in range(3):
                tmp = int(img[j,i,c]*light + bias)
                if tmp > 255:
                    tmp = 255
                elif tmp < 0:
                    tmp = 0
                img[j,i,c] = tmp
    return img

# 使用 dlib 自带的 frontal_face_detector 作为我们的特征提取器
detector = dlib.get_frontal_face_detector()
# 打开摄像头，参数为输入流，可以为摄像头或视频文件
camera = cv2.VideoCapture(0)
#camera = cv2.VideoCapture('C:/Users/CUNGU/Videos/Captures/wang.mp4')

index = 1
while True:
    if (index <= 15):# 存储 15 张人脸特征图像
        print('Being processed picture %s' % index)
        # 从摄像头读取照片
        success, img = camera.read()
        # 转为灰度图片
        gray_img = cv2.cvtColor(img, cv2.COLOR_BGR2GRAY)
        # 使用 detector 进行人脸检测
        dets = detector(gray_img, 1)

        for i, d in enumerate(dets):
            x1 = d.top() if d.top() > 0 else 0
            y1 = d.bottom() if d.bottom() > 0 else 0
            x2 = d.left() if d.left() > 0 else 0
            y2 = d.right() if d.right() > 0 else 0
```

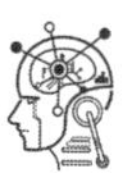

```
            face = img[x1:y1,x2:y2]
            # 调整图片的对比度与亮度，对比度与亮度值都取随机数，这样能增加
            # 样本的多样性
            face = relight(face, random.uniform(0.5, 1.5), random.randint
            (-50, 50))

            face = cv2.resize(face, (size,size))

            cv2.imshow('image', face)

            cv2.imwrite(output_dir+'/'+str(index)+'.jpg', face)

            index += 1
        key = cv2.waitKey(30) & 0xff
        if key == 27:
            break
    else:
        print('Finished!')
        # 释放摄像头 release camera
        camera.release()
        # 删除建立的窗口 delete all the windows
        cv2.destroyAllWindows()
        Break
```

成功截图（图 4-18）：

```
Being processed picture 8
Being processed picture 8
Being processed picture 8
Being processed picture 8
Being processed picture 9
Being processed picture 10
Being processed picture 11
Being processed picture 12
Being processed picture 13
Being processed picture 14
Being processed picture 15
Finished!
```

图 4-18　人脸图片采集

项目二：提取特征点

学习目的： 利用Dlib官方训练好的模型“shape_predictor_68_face_landmarks.dat”进行68点标定。利用OpenCV进行图像化处理，在人脸上画出68个点，并标明序号。

源码如下：

```
# _*_ coding:utf-8 _*_

import numpy as np
import cv2
import dlib

detector = dlib.get_frontal_face_detector()
predictor = dlib.shape_predictor('shape_predictor_68_face_landmarks.dat')

# cv2 读取图像
img = cv2.imread("1.jpg")

# 取灰度
img_gray = cv2.cvtColor(img, cv2.COLOR_RGB2GRAY)

# 人脸数 rects
rects = detector(img_gray, 0)
for i in range(len(rects)):
    landmarks = np.matrix([[p.x, p.y] for p in predictor(img,rects[i]).parts()])
    for idx, point in enumerate(landmarks):
        # 68 点的坐标
        pos = (point[0, 0], point[0, 1])
        print(idx,pos)

        # 利用 cv2.circle 给每个特征点画一个圈，共 68 个
        cv2.circle(img, pos, 5, color=(0, 255, 0))
        # 利用 cv2.putText 输出 1-68
        font = cv2.FONT_HERSHEY_SIMPLEX
        cv2.putText(img, str(idx+1), pos, font, 0.8, (0, 0, 255), 1,cv2.LINE_AA)

cv2.namedWindow("img", 2)
cv2.imshow("img", img)
```

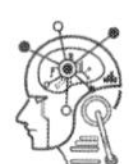

```
cv2.waitKey(0)
```

运行截图见图 4-19。

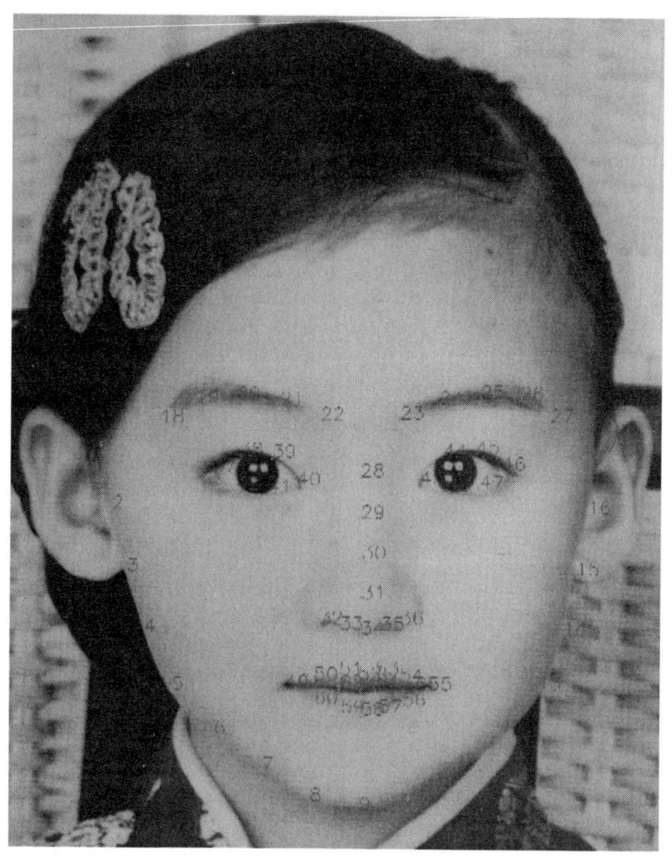

图 4-19　人脸特征点提取

项目三：获取特征数据集写入 CSV

学习目的：根据数据集模型训练 68 个特征数据。

源码：

```
# 从人脸图像文件中提取人脸特征存入 CSV

# return_128d_features()          获取某张图像的 128D 特征
# compute_the_mean()              计算 128D 特征均值

from cv2 import cv2 as cv2
import os
```

```
import dlib
from skimage import io
import csv
import numpy as np
import pandas as pd

# 要读取人脸图像文件的路径
path_images_from_camera = "./People/Person/"

# Dlib 正向人脸检测器
detector = dlib.get_frontal_face_detector()

# Dlib 人脸预测器
predictor = dlib.shape_predictor('./People/model/shape_predictor_68_face_
landmarks.dat')

# Dlib 人脸识别模型
# Face recognition model, the object maps human faces into 128D vectors
face_rec = dlib.face_recognition_model_v1("./People/model/dlib_face_
recognition_resnet_model_v1.dat")


# 返回单张图像的 128D 特征
def return_128d_features(path_img):
    img_rd = io.imread(path_img)
    img_gray = cv2.cvtColor(img_rd, cv2.COLOR_BGR2RGB)
    faces = detector(img_gray, 1)

    print("%-40s %-20s" % ("检测到人脸的图像 / image with faces
    detected:", path_img), '\n')

    # 因为有可能截下来的人脸再去检测，就检测不出来人脸了
    # 所以要确保是：检测到人脸的人脸图像，提取特征
    if len(faces) != 0:
        shape = predictor(img_gray, faces[0])
        face_descriptor = face_rec.compute_face_descriptor(img_gray, shape)
    else:
        face_descriptor = 0
        print("no face")
```

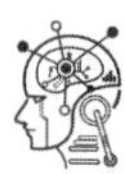

```
    return face_descriptor


# 将文件夹中照片特征提取出来，写入 CSV
def return_features_mean_personX(path_faces_personX):
    features_list_personX = []
    photos_list = os.listdir(path_faces_personX)
    if photos_list:
        for i in range(len(photos_list)):
            # 调用 return_128d_features() 得到 128D 特征
              print("%-40s %-20s" % ("正在读的人脸图像 / image to read:",
path_faces_personX + "/" + photos_list[i]))
            features_128d = return_128d_features(path_faces_personX + "/" +
photos_list[i])
            #  print(features_128d)
            # 遇到没有检测出人脸的图片跳过
            if features_128d == 0:
                i += 1
            else:
                features_list_personX.append(features_128d)
    else:
        print("文件夹内图像文件为空 / Warning: No images in " + path_faces_
personX + '/', '\n')

    # 计算 128D 特征的均值
    # N x 128D -> 1 x 128D
    if features_list_personX:
       features_mean_personX = np.array(features_list_personX).mean(axis=0)
    else:
       features_mean_personX = '0'

    return features_mean_personX


# 读取某人所有的人脸图像的数据
people = os.listdir(path_images_from_camera)
people.sort()
```

```
with open(".\\features_all.csv", "w", newline="") as csvfile:
    writer = csv.writer(csvfile)
    for person in people:
        print("##### " + person + " #####")
        # Get the mean/average features of face/personX, it will be a list
with a length of 128D
          features_mean_personX = return_features_mean_personX(path_images_
from_camera + person)
        writer.writerow(features_mean_personX)
          print(" 特 征 均 值 / The mean of features:", list(features_mean_
personX))
        print('\n')
    print("所有录入人脸数据存入 / Save all the features of faces registered
into: C:/User/Administrator/Desktop/Renlianshibie/People/feature/features1_
all.csv")
```

运行截图见图 4-20：

图 4-20　获取特征数据集并写入 CSV

项目四：人脸识别

学习目的：实现视频流实时识别人脸数据。

源码：

```
# 摄像头实时人脸识别
import os
import winsound # 系统音效
from playsound import playsound # 音频播放
import dlib          # 人脸处理的库 Dlib
import csv # 存入表格
import time
import sys
```

```
import numpy as np   # 数据处理的库 numpy
from cv2 import cv2 as cv2          # 图像处理的库 OpenCV
import pandas as pd  # 数据处理的库 Pandas


# 人脸识别模型，提取 128D 的特征矢量
# Refer this tutorial: http://dlib.net/python/index.html#dlib.face_
recognition_model_v1
facerec = dlib.face_recognition_model_v1("D:/myworkspace/JupyterNotebook/
People/model/dlib_face_recognition_resnet_model_v1.dat")


# 计算两个 128D 向量间的欧氏距离
def return_euclidean_distance(feature_1, feature_2):
    feature_1 = np.array(feature_1)
    feature_2 = np.array(feature_2)
    dist = np.sqrt(np.sum(np.square(feature_1 - feature_2)))
    return dist


# 处理存放所有人脸特征的 CSV
path_features_known_csv = "D:/myworkspace/JupyterNotebook/People/feature/
features2_all.csv"
csv_rd = pd.read_csv(path_features_known_csv, header=None)


# 用来存放所有录入人脸特征的数组
features_known_arr = []

# 读取已知人脸数据
for i in range(csv_rd.shape[0]):
    features_someone_arr = []
    for j in range(0, len(csv_rd.ix[i, :])):
        features_someone_arr.append(csv_rd.ix[i, :][j])
    features_known_arr.append(features_someone_arr)
print("Faces in Database：", len(features_known_arr))

# Dlib 检测器和预测器
```

```
detector = dlib.get_frontal_face_detector()
predictor = dlib.shape_predictor('D:/myworkspace/JupyterNotebook/People/
model/shape_predictor_68_face_landmarks.dat')

# 创建 cv2 摄像头对象
cap = cv2.VideoCapture(0)

# 设置视频参数，propId 设置的视频参数，value 设置的参数值
cap.set(3, 480)

# cap.isOpened() 返回 true/false 检查初始化是否成功
while cap.isOpened():# when the camera is open

    flag, img_rd = cap.read()
    kk = cv2.waitKey(1)

    # 取灰度
    img_gray = cv2.cvtColor(img_rd, cv2.COLOR_RGB2GRAY)

    # 人脸数 faces
    faces = detector(img_gray, 0)

    # 稍后要写的字体 font to write later
    font = cv2.FONT_HERSHEY_COMPLEX

    # 存储当前摄像头中捕获到的所有人脸的坐标 / 名字
    pos_namelist = []
    name_namelist = []

    # 按下 q 键退出
    if kk == ord('q'):
        break
    else:
        # 检测到人脸
        if len(faces) != 0:
            # 获取当前捕获到的图像的所有人脸的特征，存储到 features_cap_arr
            features_cap_arr = []
            for i in range(len(faces)):
```

```
                shape = predictor(img_rd, faces[i])
                features_cap_arr.append(facerec.compute_face_descriptor(img_
rd, shape))

            # 遍历捕获到的图像中所有的人脸
            for k in range(len(faces)):
                print("##### camera person", k+1, "#####")
                # 让人名跟随在矩形框的下方
                # 确定人名的位置坐标
                # 先默认所有人不认识，是 unknown
                name_namelist.append("unknown")

                # 每个捕获人脸的名字坐标
                pos_namelist.append(tuple([faces[k].left(), int(faces[k].
bottom()+ (faces[k].bottom() - faces[k].top())/4)]))

                # 对于某张人脸，遍历所有存储的人脸特征
                for i in range(len(features_known_arr)):
                    # 如果 person_X 数据不为空
                    if str(features_known_arr[i][0]) != '0.0':
                        print("with person", str(i + 1), "the e distance: ",
end='')
                        e_distance_tmp = return_euclidean_distance(features_
cap_arr[k], features_known_arr[i])
                        print(e_distance_tmp)
                        e_distance_list.append(e_distance_tmp)
                    else:
                        # 空数据 person_X
                        e_distance_list.append(999999999)
                # 找出最接近的一个人脸数据是第几个
                similar_person_num = e_distance_list.index(min(e_distance_list))
                print("Minimum e distance with person", int(similar_person_
num)+1)

                # 计算人脸识别特征与数据集特征的欧氏距离
                # 距离小于 0.4 则标出为可识别人物
                if min(e_distance_list) < 0.4:
                    # 这里可以修改摄像头中标出的人名
```

```
        # 1、遍历文件夹目录
        folder_name = 'D:/myworkspace/JupyterNotebook/People/person'
        # 最接近的人脸
        sum=similar_person_num+1
        key_id=1 # 从第一个人脸数据文件夹进行对比
        # 获取文件夹中的文件名 :1wang、2zhou、3...
        file_names = os.listdir(folder_name)
        for name in file_names:
            # print(name+'->'+str(key_id))
            if sum ==key_id:
                #winsound.Beep(300,500)# 响铃：300 频率，500 持续时间
                name_namelist[k] = name[1:]# 人名删去第一个数字（用于视频输出标识）
            key_id += 1
        # 播放欢迎光临音效
        #playsound('D:/myworkspace/JupyterNotebook/People/music/welcome.wav')
        # print("May be person "+str(int(similar_person_num)+1))
        # ———————— 筛选出人脸并保存到 visitor 文件夹 ————————
        for i, d in enumerate(faces):
            x1 = d.top() if d.top() > 0 else 0
            y1 = d.bottom() if d.bottom() > 0 else 0
            x2 = d.left() if d.left() > 0 else 0
            y2 = d.right() if d.right() > 0 else 0
            face = img_rd[x1:y1,x2:y2]
            size = 64
            face = cv2.resize(face, (size,size))
            # 要存储 visitor 人脸图像文件的路径
            path_visitors_save_dir = "D:/myworkspace/JupyterNotebook/People/visitor/known"
            # 存储格式：2019-06-24-14-33-40wang.jpg
            now_time = time.strftime("%Y-%m-%d-%H-%M-%S", time.localtime())

            save_name = str(now_time)+str(name_namelist[k])+'.jpg'
            # print(save_name)
            # 本次图片保存的完整 url
            save_path = path_visitors_save_dir+'/'+ save_name
            # 遍历 visitor 文件夹所有文件名
```

```
                        visitor_names = os.listdir(path_visitors_save_dir)
                        visitor_name=''
                        for name in visitor_names:
                            # 名字切片到分钟数：2019-06-26-11-33-00wangyu.jpg
                            visitor_name=(name[0:16]+'-00'+name[19:])
                        # print(visitor_name)
                        visitor_save=(save_name[0:16]+'-00'+save_name[19:])
                        # print(visitor_save)
                        # 1分钟之内重复的人名不保存
                        if visitor_save!=visitor_name:
                            cv2.imwrite(save_path, face)
                            print('新 存 储：'+path_visitors_save_dir+'/'+str
(now_time)+str(name_namelist[k])+'.jpg')
                        else:
                            print('重复，未保存！')

                else:
                    # 播放无法识别音效
                    #playsound('D:/myworkspace/JupyterNotebook/People/music/
sorry.wav')
                    print("Unknown person")
                    # ----- 保存图片 -------
                    # -----------筛选出人脸并保存到visitor文件夹------------
                    for i, d in enumerate(faces):
                        x1 = d.top() if d.top() > 0 else 0
                        y1 = d.bottom() if d.bottom() > 0 else 0
                        x2 = d.left() if d.left() > 0 else 0
                        y2 = d.right() if d.right() > 0 else 0
                        face = img_rd[x1:y1,x2:y2]
                        size = 64
                        face = cv2.resize(face, (size,size))
                        # 要存储visitor-》unknown人脸图像文件的路径
                        path_visitors_save_dir = "D:/myworkspace/JupyterNotebook/
People/visitor/unknown"
                        # 存储格式：2019-06-24-14-33-40unknown.jpg
                        now_time = time.strftime("%Y-%m-%d-%H-%M-%S", time.
localtime())
                        # print(save_name)
```

```
                        # 本次图片保存的完整url
                        save_path = path_visitors_save_dir+'/'+ str(now_time)+'
unknown.jpg'
                        cv2.imwrite(save_path, face)
                        print('新 存 储:'+path_visitors_save_dir+'/'+str(now_
time)+'unknown.jpg')

                # 矩形框
                for kk, d in enumerate(faces):
                    # 绘制矩形框
                    cv2.rectangle(img_rd, tuple([d.left(), d.top()]), tuple
([d.right(), d.bottom()]), (0, 255, 255), 2)
                print('\n')

            # 在人脸框下面写人脸名字
            for i in range(len(faces)):
                cv2.putText(img_rd, name_namelist[i], pos_namelist[i], font,
0.8, (0, 255, 255), 1, cv2.LINE_AA)

    print("Faces in camera now:", name_namelist, "\n")

    #cv2.putText(img_rd, "Press 'q': Quit", (20, 450), font, 0.8, (84, 255,
159), 1, cv2.LINE_AA)
    cv2.putText(img_rd, "Face Recognition", (20, 40), font, 1, (0, 0, 255),
1, cv2.LINE_AA)
    cv2.putText(img_rd, "Visitors: " + str(len(faces)), (20, 100), font, 1,
(0, 0, 255), 1, cv2.LINE_AA)

    # 窗口显示 show with OpenCV
    cv2.imshow("camera", img_rd)

# 释放摄像头
cap.release()

# 删除建立的窗口
cv2.destoyAllWindows()
```

运行截图见图 4-21。

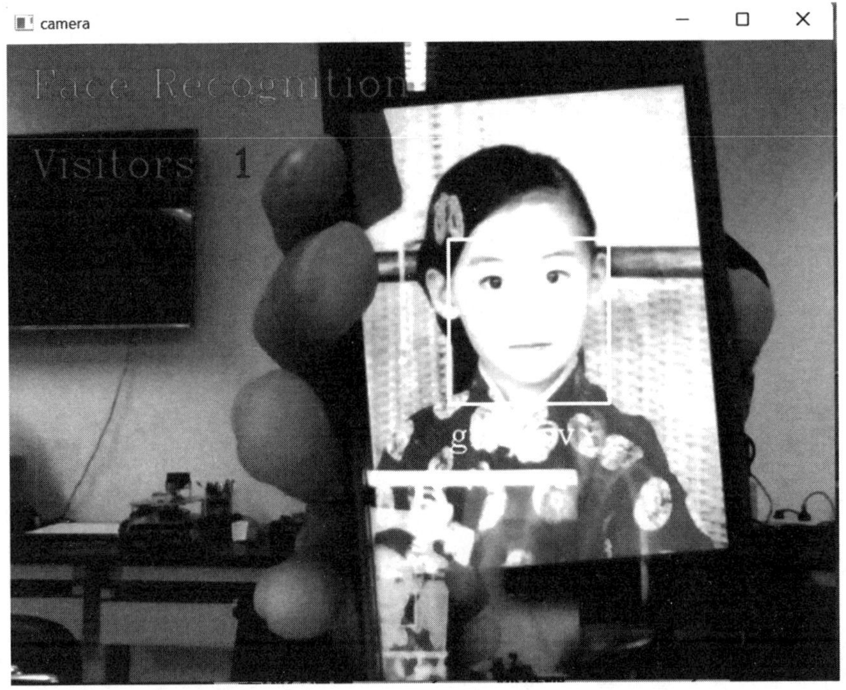

图 4-21 人脸识别结果

注意：源码可以用，但是代码复制粘贴后，一定要自己调试，一定要理解其意思，以及掌握 Dlib 实现人脸识别的整个流程。

4.3 基于 YOLO V3 的实时目标检测

YOLO 是一种实时目标检测算法，而 YOLO V3 是于 2018 年推出的一种单阶段目标检测算法。它以其快速的检测速度而闻名，能够以 30 帧每秒的速度处理图像，并且在 COCO 数据集上的测试中，取得了 57.9% 的 mAP 值（平均精度均值）。目前，YOLO 系列算法已经发展到 YOLO V8，并在不同的目标检测场景下展现出更好的性能。下面主要以 YOLO V3 为例来介绍该系列算法在目标识别、对象分类、定位等场景中的应用。

4.3.1　深度学习和 YOLO V3 简介

YOLO V3 算法在速度和检测精度方面取得了显著的提升，这是它最大的优势之一。另外，为了在速度和精度之间进行权衡，该算法还提供了一种简便的方式，只需调整模型的大小即可，无需重新训练模型。

在目标检测任务中，需要进行目标的识别和定位。YOLO V3 算法的基本思想是将输入的图像分割成多个小格子（grid cells），然后根据边界框（bounding boxes）和置信度（confidence）来进行目标的定位，同时利用类别概率图（class probability map）来确定目标的类别。算法输出预测结果如图 4-22 所示（扫码看彩图）。

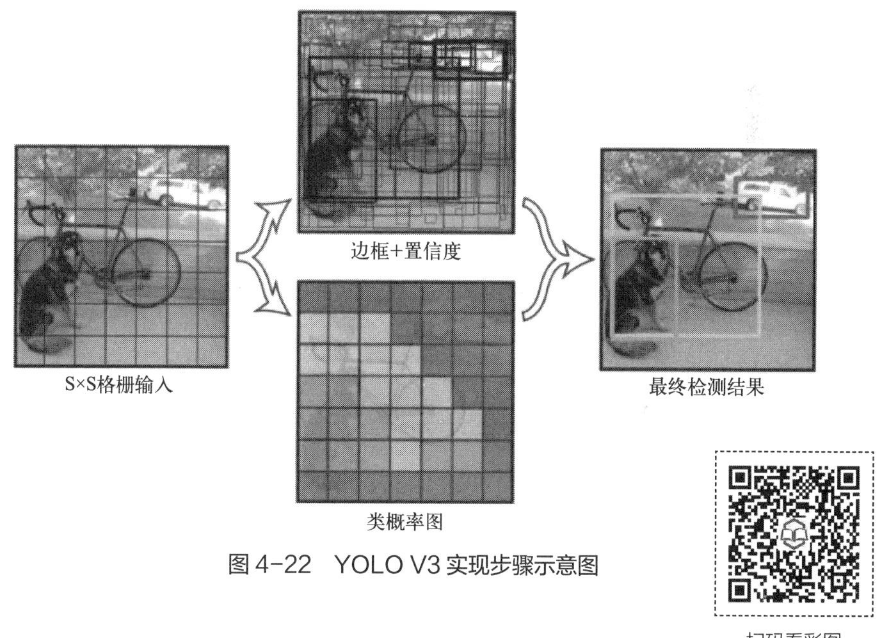

图 4-22　YOLO V3 实现步骤示意图

4.3.2　训练自己的数据集

如果想让 YOLO 识别我们指定的目标，那就需要先准备一套数据集，然后对 YOLO 进行训练，“教会” YOLO 认识这些目标。训练的结果是生成一个 .weight 权重文件，识别的时候，加载这个权重文件即可识别我们指定的目标。

（1）环境搭建

在 x64 平台上安装 Darknet，硬件_上需要有 NVIDIA 显卡。自行安装

好Ubuntu系统后，需要安装cuda和cuDNN才能使用GPU为深度学习加速。

① 安装NVIDIA显卡驱动。首先需要根据NVIDIA显卡型号安装显卡驱动。去NVIDI官网查看适合你的GPU的驱动。选择GPU产品类型（以NVIDIAGT 1030示例），查找适合的驱动（如图4-23）：

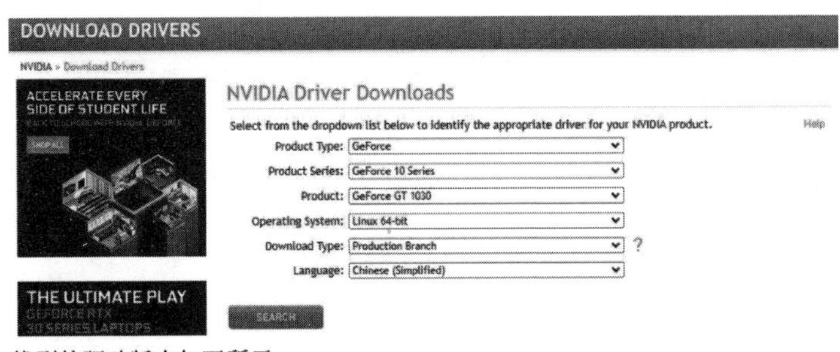

找到的驱动版本如下所示：

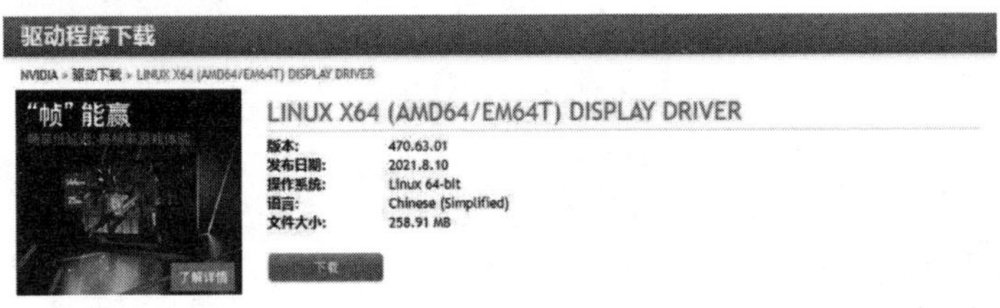

图4-23　安装NVIDIA显卡驱动

下载NVIDIA驱动安装包（.run格式）。下载后的文件为：/home/wheeltec/Downloads/NVIDIA-Linux-x86_ 64-470.63.01 .run

run格式文件安装较麻烦，首先要禁用Nouveau驱动。Nouveau是由第三方为NVIDIA显卡开发的一个开源3D驱动。Ubuntu默认集成了Nouveau驱动。

而用户在安装NVIDIA官方私有驱动的时候Nouveau又成为了阻碍。若不禁用Nouveau，安装时总是报错。

具体步骤如下：

```
nouveau禁止命令写入文件
sudo vim /etc/modprobe.d/blacklist.conf
```

文件末尾添加以下语句：

```
blacklist nouveau
blacklist lbm-nouveau
options nouveau modeset=0
alias nouveau off
```

```
alias lbm-nouveau off
```

调用指令禁止

```
nouveau echo options nouveau modeset=0| sudo tee -a /etc/modprobe.d/nouveau-kms.conf
```

重启系统

```
sudo reboot
```

进入 tty 模式

```
ctrl + alt+ F1 或 ctrl + alt+ F2 或 ctrl + alt+ F3，视情况选择
```

关闭 x server

```
sudo service lightdm
stop
sudo init 3
```

切换 NVIDIA 安装包指定目录，赋予权限并进行安装。

```
Cd ~ /Downloads
mv NVIDIA-Linux-x86_ 64-470.63.01.run nvidia.run
chmod +x nvidia.run
sudo sh nvidia.run --no-opengl-files
```

备注：no 前面是双杠号。

安装时可能有出错提示，不用理会，继续安装。

执行完上述后，重启系统：

```
sudo reboot
```

安装成功后，在图形界面下可以通过命令：

```
nvidia-settings
```

查看自己机器上详细的 GPU 信息，具体见图 4-24。

② 安装 cuda。cuda 是 NIVEA 的编程语言平台，想使用 GPU 需要先安装 cuda。

首先选择合适的版本，这里下载的是最新的 cuda11.4（见图 4-25）。

下载到主目录后，运行指令

```
sudo sh cuda_ 11.4.1 470.57.02 linux.run
```

因为 NVIDIA 驱动已经安装，这里就不要选择安装 NVIDIA 驱动。其余的都直接默认或者选择是即可。

使用指令打开 profifile 文件。

```
sudo gedit /etc/profile
```

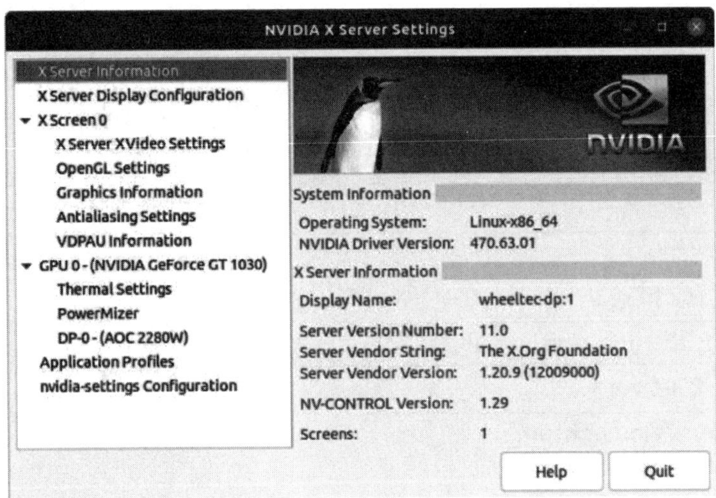

图 4-24　查看 GPU 信息

图 4-25　安装 cuda

在末尾处添加（注意：①不要有空格，不然会报错；②示例 cuda11.4，其他版本对应修改版本号）。

```
export PATH=/usr/local/cuda-11.4/bin:$PATH
export LD_LIBRARY_PATH=/usr/local/cuda-11.4/lib64$LD_LIBRARY_PATH
```

重启电脑。

```
sudo reboot
```

重启后，测试 cuda 的 Samples。

```
cd /usr/local/cuda-9.0/samples/1_Utilities/deviceQuery
sudo make
./deviceQuery
```

如果显示的是有关 GPU 的信息，则说明安装成功了。

测试 cuda 也可以通过以下命令查看。

```
nvcc -V
```

输出如图 4-26 所示。

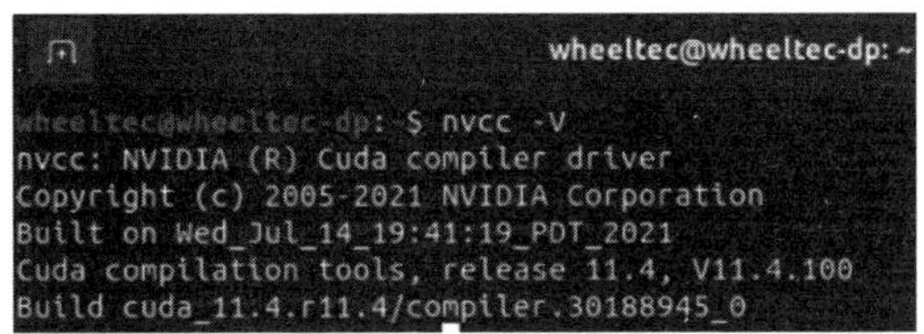

图 4-26 测试 cuda

NVIDIA 的嵌入式设备需要配置一下环境变量才能运行 nvcc 指令：

打开 ~ /.bashrc 文件编辑：

```
nano ~ /.bashrc
```

在文件最后添加以下语句：

```
export LD_LIBRARY PATH=/usr/local/cuda/lib
export PATH=$PATH:/usr/local/cuda/bin
```

保存退出后，source 生效：

```
source ~ /.bashrc
```

完成以上步骤后，NVIDIA 的嵌入式设备才可以正常运行 nvcc 指令，否则后面编译会报错。

③ 安装 cuDNN。去官网下载与 cuda 11.4 搭配的 cuDNN 版本。下 载 cuDNN 需要注册一个 NIVDIA 账号。

官方已经给出了 cuda 与 cuDNN 搭配的建议。示例图 4-27 下载的是 cuDNN v8.8.2。

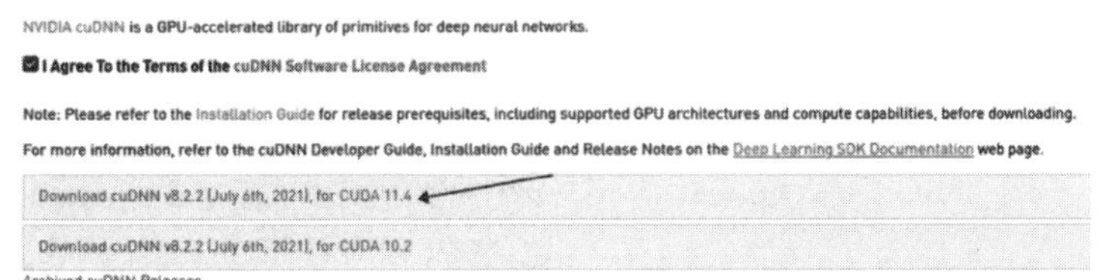

图 4-27 下载 cuda

如图 4-28 所示，选择 cuDNN Library for Linux，下 载 cuDNN-11.4-linux-x64-v8.2.2.26.tgz

Download cuDNN v8.2.2 (July 6th, 2021), for CUDA 11.4

Library for Windows and Linux, Ubuntu(x86_64, armsbsa, PPC architecture)

cuDNN Library for Linux (aarch64sbsa)

cuDNN Library for Linux (x86_64)

cuDNN Library for Linux (PPC)

cuDNN Library for Windows (x86)

cuDNN Runtime Library for Ubuntu20.04 x86_64 (Deb)

cuDNN Developer Library for Ubuntu20.04 x86_64 (Deb)

图 4-28　下载 cuDNN

解压：

```
tar -xvf cudnn-11.4-linux-x64-v8.2.2.26.tgz
```

拷贝相关的库文件：

```
sudo cp include/cudnn* /usr/local/cuda/include/
sudo cp lib64/libcudnn* /usr/local/cuda/lib64/
sudo chmod a+r /usr/local/cuda/include/cudnn.h
sudo chmod a+r /usr/local/cuda/lib64/libcudnn*
```

删除文件原来的软链接：

```
cd /usr/local/cuda/lib64 sudo rm libcudnn.so libcudnn.so.8// 删除原来的链接
sudo ln -s libcudnn.so.8.2.2 libcudnn.so.8// 生成新的链接
sudo ln -s libcudnn.so.8 libcudnn.so
sudo chmod a+r /usr/local/cuda/lib64/libcudnn*
sudo ldconfig
```

（2）编译 darknet

下载代码：git clone，将压缩包解压后，终端 cd 到 darknet 目录中，输入 make 进行编译即可，设置选项见图 4-29。

注意：在 make 之前，找到 makefile 文件，我们可以设置一些功能，根据自己的需求设置，其中 GPU、cuDNN 是必要的。

- GPU=1 使用CUDA进行构建以通过使用GPU加速（CUDA应该在中 /usr/local/cuda ）
- CUDNN=1 使用cuDNN v5-v7进行构建，以通过使用GPU加速培训（cuDNN应该在中 /usr/local/cudnn ）
- CUDNN_HALF=1 为Tensor Core构建（在Titan V / Tesla V100 / DGX-2及更高版本上）加速检测3倍，训练2倍
- OPENCV=1 使用OpenCV 4.x / 3.x / 2.4.x进行构建-允许检测来自网络摄像机或网络摄像机的视频文件和视频流
- DEBUG=1 调试Yolo版本
- OPENMP=1 使用OpenMP支持进行构建以通过使用多核CPU来加速Yolo
- LIBSO=1 生成一个库 darknet.so 和 uselib 使用该库的二进制可运行文件。或者，您可以尝试运行，以便 LD_LIBRARY_PATH=./:$LD_LIBRARY_PATH ./uselib test.mp4 如何从自己的代码中使用此SO库-您可以查看C ++示例：https://github.com/AlexeyAB/darknet/blob/master/src/yolo_console_dll.cpp 或在这样的方式：LD_LIBRARY_PATH=./:$LD_LIBRARY_PATH ./uselib data/coco.names cfg/yolov4.cfg yolov4.weights test.mp4
- ZED_CAMERA=1 构建具有ZED-3D摄像机支持的库（应安装ZED SDK），然后运行 LD_LIBRARY_PATH=./:$LD_LIBRARY_PATH ./uselib data/coco.names cfg/yolov4.cfg yolov4.weights zed_camera

图 4-29　编译 darknetde 设置选项

安装好以后可以使用官方提供的 .weight 文件进行测试。

```
wget https://pjreddie.com/media/files/yolov3-tiny.weights // 下载权重文件
./darknet detect cfg/yolov3-tiny.cfg yolov3-tiny.weights data/dog.jpg
```

另外，如果测试时需要显示图片或者实时测试视频流，则需要安装 OpenCV，并且在上述的 makefile 中 OpenCV 选项改为 OpenCV=1。

（3）数据集标注

按照 PASCAL VOC 数据集格式进行存储数据，制作 VOC 格式数据集步骤如下：

① 创建文件夹，VOC 文件格式如图 4-30 所示。

② 将所有图片复制到 JPEGImages 文件夹下，如图 4-31 所示。

③ 下载标注工具 labellmg。下载文件后，修改 data 文件夹下的 predefined_ classes.txt 可以改变标签名称。

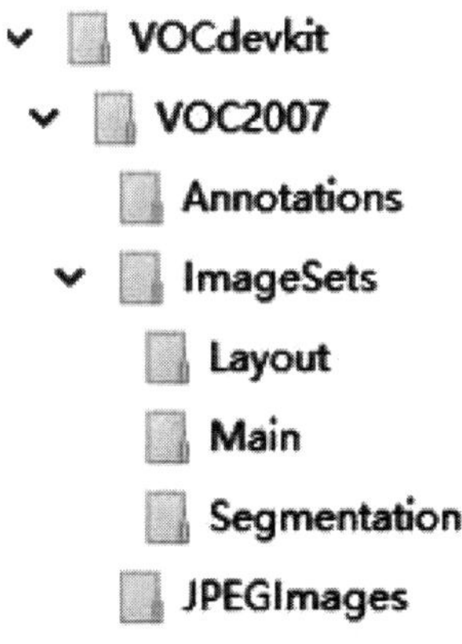

图 4-30　VOC 数据集存储目录

> 注意：软件 labellmg 的放置路径不要出现中文，否则会出现打不开软件的情况。

④ 过 Open Dir 打开图像存放的路径，即 JPEGImages 文件夹所在位置，按 w 键可以进行标注，标注完选择保存即可，生成的 xml 文件默认保存在图

VOCdevkit › VOC2007 › JPEGImages

名称	日期	类型	大小	标记
bus0047.jpg	2021/7/1 10:05	JPG 文件	57 KB	
bus0048.jpg	2021/7/1 10:05	JPG 文件	56 KB	
bus0049.jpg	2021/7/1 10:05	JPG 文件	56 KB	
bus0050.jpg	2021/7/1 10:05	JPG 文件	55 KB	
bus0051.jpg	2021/7/1 9:55	JPG 文件	53 KB	
bus0052.jpg	2021/7/1 9:55	JPG 文件	54 KB	
bus0053.jpg	2021/7/1 9:55	JPG 文件	55 KB	
bus0054.jpg	2021/7/1 9:55	JPG 文件	58 KB	
bus0055.jpg	2021/7/1 9:55	JPG 文件	61 KB	
bus0056.jpg	2021/7/1 9:55	JPG 文件	59 KB	
bus0057.jpg	2021/7/1 9:55	JPG 文件	59 KB	
bus0058.jpg	2021/7/1 9:55	JPG 文件	58 KB	
bus0059.jpg	2021/7/1 9:55	JPG 文件	57 KB	

图 4-31 准备图片

片同路径下。

⑤ 标注完后，下一步标注 xml 文件，剪切存放在 Annotations 文件夹下，如图 4-32 所示。

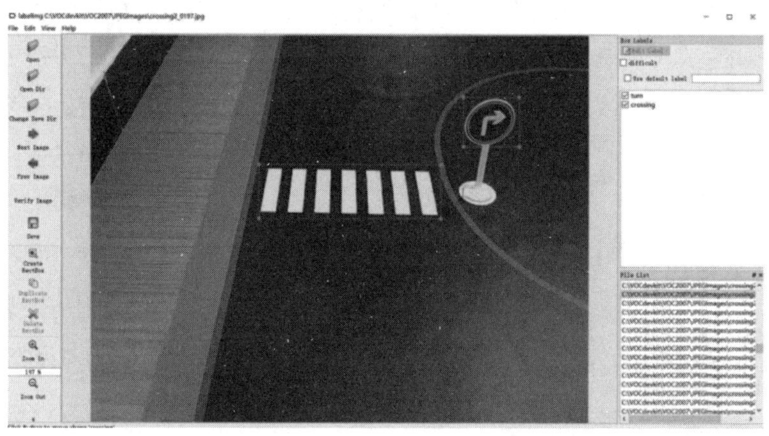

图 4-32 标注工具 labelImg 示例

⑥ 将 VOCdevkit 数据集打包复制到训练的 Ubuntu 环境中，存放的路径是 darknet 下的 scripts 文件里，具体见图 4-33 所示。

⑦ 在 VOC2007 目录下新建文件 test.py，把下面代码复制进去，终端运行“python test.py”，生成 ImageSets/Main 文件夹下所需的训练集 / 测试集

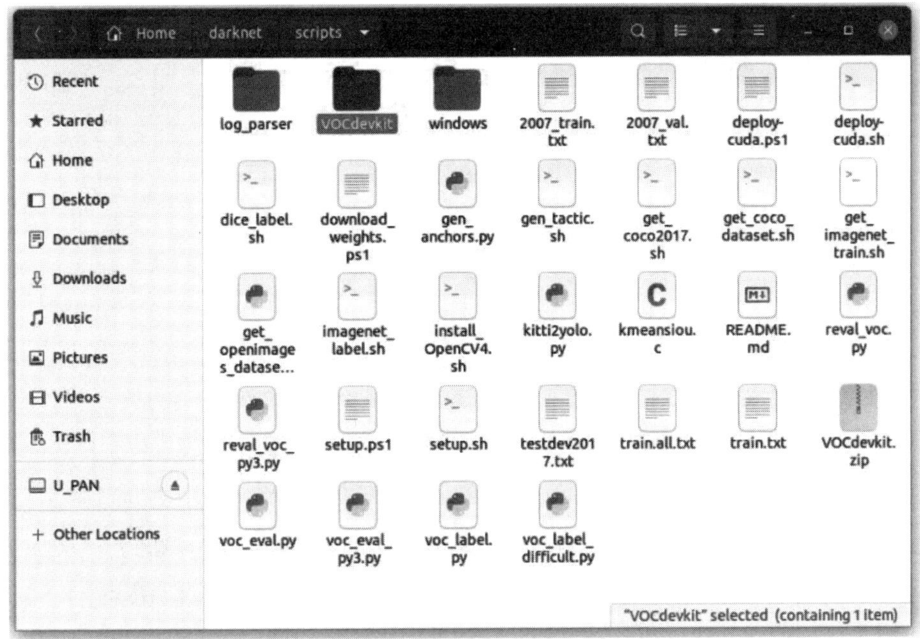

图 4-33　数据集拷贝到 Ubuntu 训练环境

txt 文件。

代码如下：

```
import OS
import random

trainval_percent = 0.1
train_ percent = 0.9
xmlfilepath = 'Annotations'
txtsavepath = 'ImageSets\Main'
total_ xml = os.listdir(xmlfilepath)

num = len(total_xml)
list = range(num)
tv = int(num * trainval_percent)
tr = int(tv * train_percent)
trainval = random.sample(list,tv)
train = random.sample(trainval, tr)

ftrainval = open('ImageSets/Main/val.txt', 'w')
```

```
ftest = open('ImageSets/Main/test.txt', 'w')
ftrain = open('ImageSets/Main/train.txt', 'w')
fval = open('ImageSets/Main/trainval.txt', 'w')

for i in list:
    name = total_xml[i][:-4] + '\n'
    if i in trainval:
       ftrainval.write(name)
       if i in train:
           ftest.write(name)
       else:
           fval.write(name)
    else:
       ftrain.write(name)
```

⑧ 格式转换。VOC 格式数据集标签还不能直接用于 YOLO 训练，需要转换成 YOLO 标签格式。在 darknet/scripts 文件夹下有 voc_label.py 文件，用于将 VOC 格式标签转换为 YOLO 格式，终端运行以下指令即可

python VOC_slabel.py

运行前需要注意的是，需要在 voc_label.py 第 9 行，修改为自己的类别名称，如图 4-34 所示。

```
7   sets [('2007', 'train'), ('2007', 'val')]
8
9   classes = ["turn","road_construction","crossing","bus","stop"]
10
```

图 4-34　修改类别名称

运行好以后，会在 VOC2007 文件下生成存放 YOLO 格式标签的 labels 文件夹，并且在 scripts 文件夹下生成 2007_ train.txt 和 2007_val.txt，后续训练时需要引用这两个文件调出数据集。

⑨ 下面介绍 VOC 格式标注和 YOLO 格式的区别。图片 width =1000、height = 654。标注图片样例如图 4-35。PASCAL VOC 标注文件如图 4-36。

而 YOLO 格式的 txt 标记文件如下：

```
class_ id x y w h
2 0.295000 0.495413 0.216000 0.926606
x = x_center/width = 295/1000 = 0.2950
```

图 4-35　标注图片样例

```
  <?xml version="1.0" encoding="ISO-8859-1"?>
- <annotation>
      <folder>bai</folder>
      <filename>trophy.jpg</filename>
      <path>/home/bai/trophy.jpg</path>
    - <source>
          <database>Unknown</database>
      </source>
    - <size>
          <width>1000</width>
          <height>654</height>
          <depth>3</depth>
      </size>
      <segmented>0</segmented>
    - <object>
          <name>trophy</name>
          <pose>Unspecified</pose>
          <truncated>0</truncated>
          <difficult>0</difficult>
        - <bndbox>
              <xmin>187</xmin>
              <ymin>21</ymin>
              <xmax>403</xmax>
              <ymax>627</ymax>
          </bndbox>
      </object>
  </annotation>
```

图 4-36　PASCAL VOC 标注文件

y = y_center/height = 324/654 = 0.4954
w =（xmax − xmin）/width = 216/1000 = 0.2160
h =（ymax − ymin）/height = 606/654 = 0.9266
class_ id：类别的 id 编号 x: 目标的中心点 x 坐标（横向）/ 图片总宽度
y：目标的中心的 y 坐标（纵向）/ 图片总高度
w：目标框的宽带 / 图片总宽度
h：目标框的高度 / 图片总高度

（4）训练

训练自己的数据集前，需要修改一些配置文件，下面以沙盘驾驶功能中交通标志训练为例子进行说明。

① 新建 data/voc.names 文件。可以复制原有的 data/voc.names 内容再根据自己情况修改，可以重新命名，如 data/voc-dp.names。 内容是所有的类别名称，其中名称顺序需要和上一节格式转换时保持一致，具体见图 4-37。

```
Open ▾        voc-dp.names
turn
road_construction
crossing
bus
stop
```

图 4-37　voc-dp.names

② 新建 cfg/voc.data 文件。可以复制原有的 cfg/voc.data 内容，再根据自己情况修改，可以重新命名，如 cfg/voc-dp.data。各参数解释如下：

classes：类别总数，视情况修改。

train：训练集路径，是上一节格式转换内容中生成的 2007_ train.txt 文件路径，视情况修改。

valid：测试集路径，是上一节格式转换内容中生成的 2007_ val.txt 文件路径，视情况修改。

names：第①点新建的 .names 文件路径，可以写相对路径，如图 4-38 所示 data/voc-dp.names。

backup：训练时的权重文件保存路径，一般直接填 backup 即可，见图 4-38。

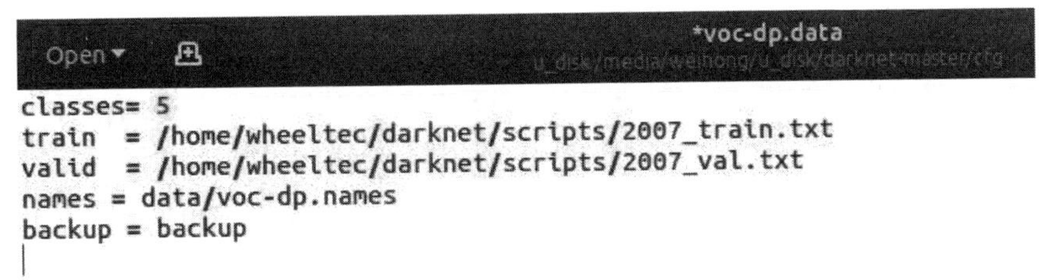

```
classes= 5
train  = /home/wheeltec/darknet/scripts/2007_train.txt
valid  = /home/wheeltec/darknet/scripts/2007_val.txt
names = data/voc-dp.names
backup = backup
```

图 4-38　voc-dp.data

③ 新建 cfg/yolov3.cfg 文件。可以复制原有的 cfg/yolov3.cfg 或 cfg/yolov3-tiny.cfg 内容，然后再根据具体情况进行修改，并重新命名为 cfg/yolov3-tiny-dp.cfg。

该 .cfg 文件用于配置网络参数，yolov3.cfg 和 yolov3-tiny.cfg 分别是两个不同的模板，yolov3-tiny.cfg 的网络层数比 yolov3.cfg 要少，精简化配置，占用资源较少，训练出来的权重文件适合用在 nano 开发板上。基于 yolov3-tiny.cfg 的模板见图 4-39。

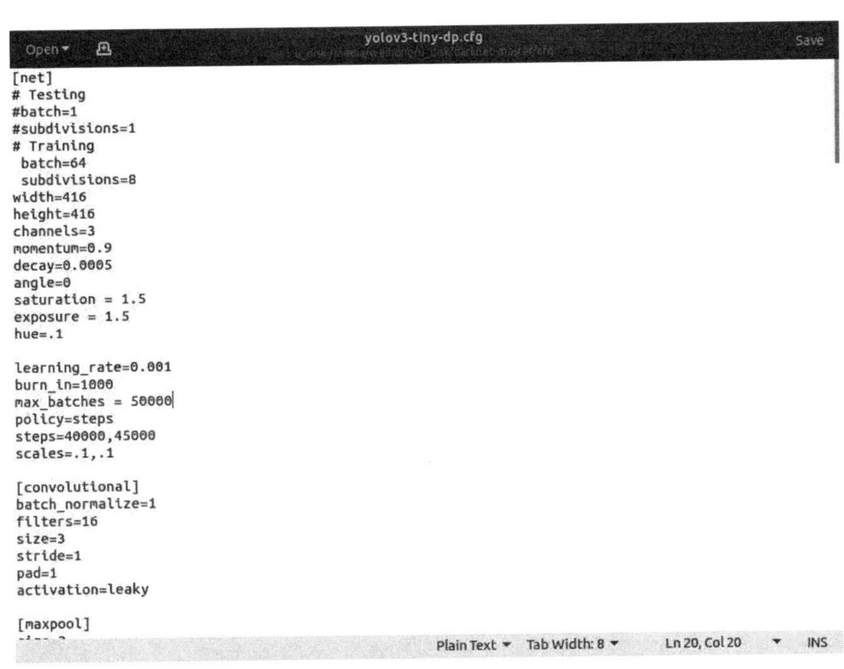

```
[net]
# Testing
#batch=1
#subdivisions=1
# Training
 batch=64
 subdivisions=8
width=416
height=416
channels=3
momentum=0.9
decay=0.0005
angle=0
saturation = 1.5
exposure = 1.5
hue=.1

learning_rate=0.001
burn_in=1000
max_batches = 50000
policy=steps
steps=40000,45000
scales=.1,.1

[convolutional]
batch_normalize=1
filters=16
size=3
stride=1
pad=1
activation=leaky

[maxpool]
```

图 4-39　yolov3-tiny-dp.cfg

一般需要视情况修改的参数说明如下：

训练时，把“Testing”下面的 batch 和 subdivisions 注释，把“Training”下面的 batch 和 subdivisions 取消注释；而后续测试时则相反。

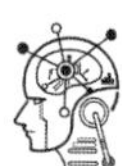

训练时建议 batch=64，subdivisions=16；如果 GPU 显存大，subdivisions 可以填 8，显存小时可以填 32。

width 和 height 可以填 416，或者 608 等，需要是 32 的整数倍。

max_ batches 是最大训练次数，可以设置为 classes*2000，例如一共 5 类别就设置 10000，初次训练后可以再视情况调整。

steps 改为 max_ batches 的 80% and 90%。

另外 .cfg 文件里还有 [yolo] 层和他前一层 [convolutional] 卷积层需要修改，如果是 yolov3.cfg 模板则有三层 yolo 层，而 yolov3-tiny.cfg 模板则有两层，见图 4-40。

```
[convolutional]
size=1
stride=1
pad=1
filters=30
activation=linear

[yolo]
mask = 0,1,2
anchors = 47,57,  60,66,  79,71,  164,56,  107,107,  237,101
classes=5
num=6
jitter=.3
ignore_thresh = .7
truth_thresh = 1
random=1
```

Plain Text ▾ Tab Width: 8 ▾ Ln 168, Col 7 ▾ INS

图 4-40　yolov3-tiny-dp.cfg

[yolo] 层中 classes 视情况修改类别数，每一个 [yolo] 层前的 [convolutional] 层中的 filters =（类别数 +5）×3，如 classes=5，filters =（5+5）×3=30。

最后，anchors 锚框尺寸也可以修改，我们可以在自己的数据集上进行聚类，使锚框尺寸更适合我们的数据。

可以运行一下代码获取聚类结果，

./darknet detector calc_ anchors **cfg/voc-dp.data** -num_ of_ clusters **6** -width 512 -height 512

其中第一处粗体标注 cfg/voc dp.data 是 2 步骤新建的文件，视情况修改；第二处粗体标注是 num_ of_ clusters 的参数值，如果使用 yolov3.cfg 则填 9，使用 yolov3-tiny.cfg 模板填 6。

聚类的结果如图 4-41 所示，将方框部分的数据替换 .cfg 文件 [yolo] 层的 anchors 参数。

```
weihong@weihong:/media/weihong/u_disk/darknet-master$ ./darknet detector calc_anchors cfg/voc-dp.data -num_of_clusters 6 -width 512 -height 512
 CUDA-version: 10020 (10020), cuDNN: 8.0.0, GPU count: 1
 OpenCV version: 4.1.1

 num_of_clusters = 6, width = 512, height = 512
 read labels from 1583 images
 loaded          image: 1583     box: 1830
 all loaded.

 calculating k-means++ ...

 iterations = 32


counters_per_class = 551, 160, 461, 458, 200

 avg IoU = 84.88 %

Saving anchors to the file: anchors.txt
anchors =  47, 57,  60, 66,  79, 71, 164, 56, 107,107, 237,101
```

图 4-41　聚类结果

④ 下载预训练权重文件，存放在 darknet 目录下。下载命令为：

```
wget https://pjreddie.com/media/fifiles/darknet53.conv.74
```

完成以上步骤后，即可在 darknet 目录下打开终端，运行命令进行训练，见图 4-42。

```
./darknet detector train data/voc-dp.data cfg/yolov3-tiny-dp.cfg darknet53.conv.74 >log.txt -map
```

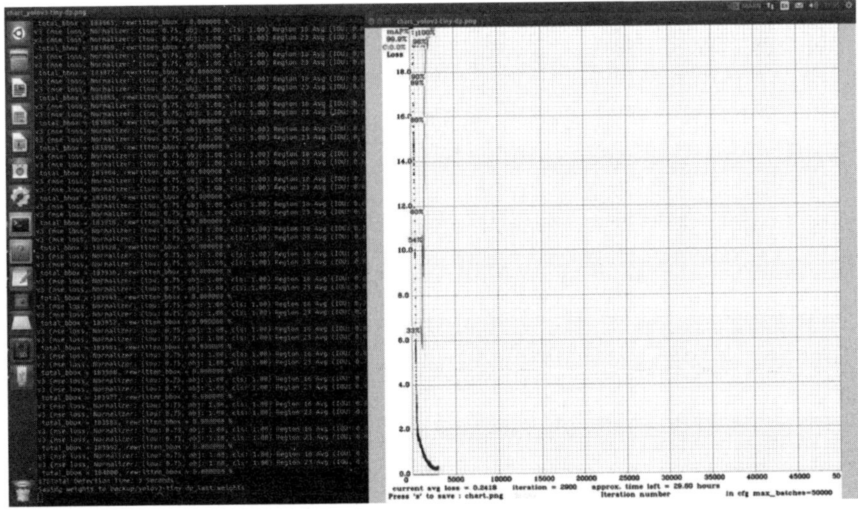

图 4-42　YOLO V3 训练

（5）测试和使用

权重文件 .weights 会边训练边生成，最终跑完所有训练次数以后，会有以下几个权重文件。如图 4-43 所示。

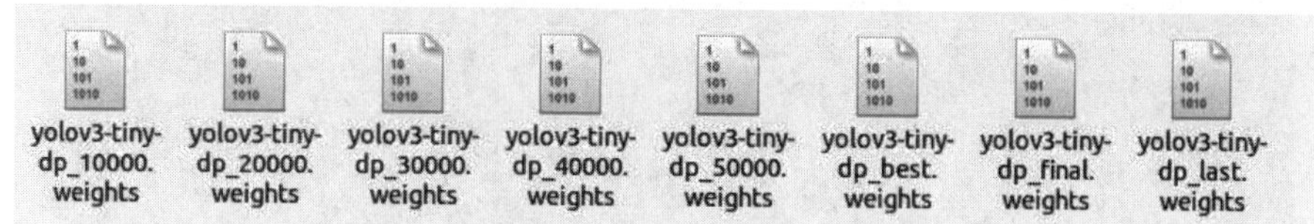

图 4-43　.weights 权重文件

或者在训练过程中，通过实时更新的 chart_yolov3-tiny-dp.png 窗口 mAP 值也可以评估训练效果。图 4-44 是完成整个训练后生成的 chart_yolov3-tiny dp.png 图片。

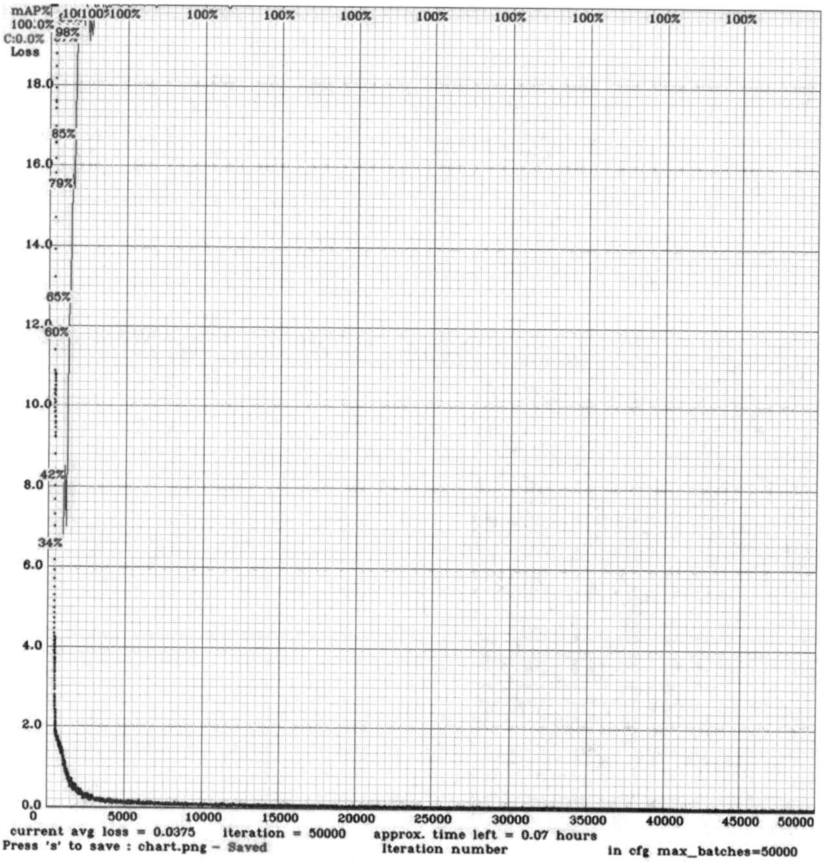

图 4-44　YOLO V3 训练效果

训练效果达到我们的要求时，即可将文件拷贝到小车的nano端进行使用。

a. 把 .cfg 配置文件和 .weight 权重文件拷贝到 darknet_ros 功能包 yolo_network_ config 文件夹下对应的位置，如图 4-45 所示。

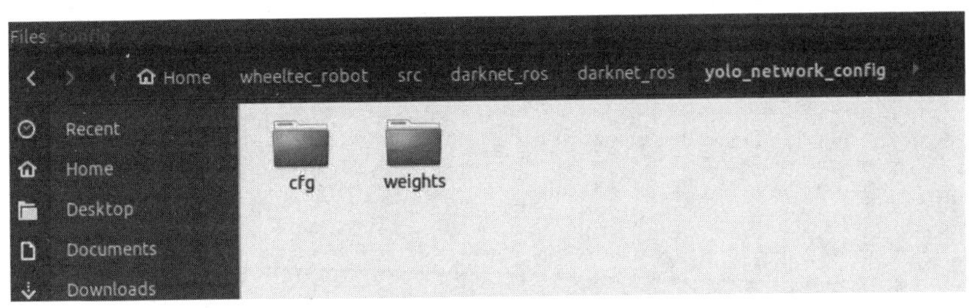

图 4-45 配置文件和权重文件放置位置

b. darknet_ros/config 目录下增加 .yaml 文件，可以复制原有的 yolov3-tiny.yaml 内容再根据自己情况修改并重命名，内容如图 4-46 所示。

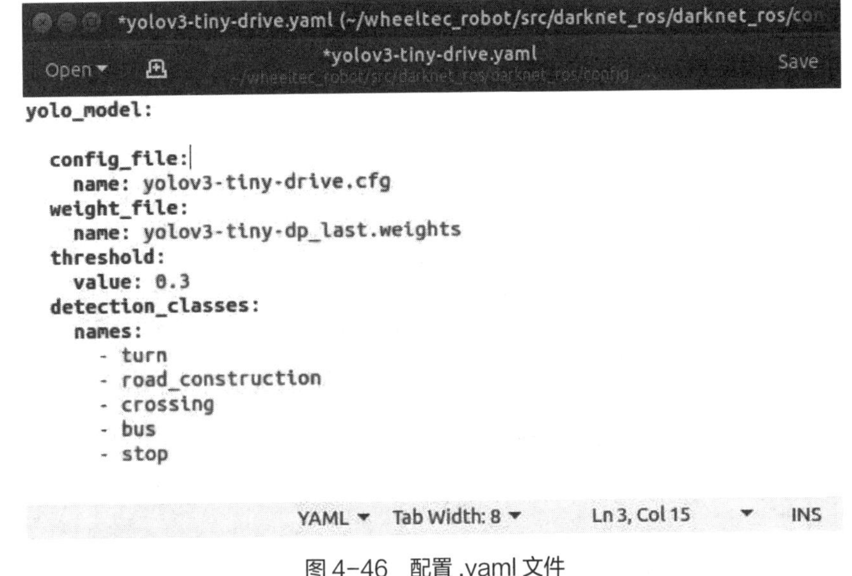

图 4-46 配置 .yaml 文件

config_ file 和 weight_ file 参数修改为各自对应的名字；threshold 是置信度，保持 0.3 即可；detection_ classes 下按合适修改为自己的类别名称，注意顺序需要和训练时 data/voc-dp.names 类别名称顺序一致。

c. 打开 darknet_ros/launch 目录下 darknet_ros.launch 文件，将 network_ param_file 其他参数注释掉，新增一行 network_param_file 参数，路径填写上一步 .yaml 文件的路径，具体见图 4-47。

```
darknet_ros.launch
<?xml version="1.0" encoding="utf-8"?>

<launch>
  <include file="$(find usb_cam)/launch/usb_cam-test.launch" />
  <arg name="launch_prefix" default=""/>
  <arg name="image" default="/camera/rgb/image_raw" />

  <arg name="yolo_weights_path"          default="$(find darknet_ros)/yolo_network_config/weights"/>
  <arg name="yolo_config_path"           default="$(find darknet_ros)/yolo_network_config/cfg"/>

  <arg name="ros_param_file"             default="$(find darknet_ros)/config/ros.yaml"/>
  <arg name="network_param_file"         default="$(find darknet_ros)/config/yolov3-tiny-gesture.yaml"/>

  <rosparam command="load" ns="darknet_ros" file="$(arg ros_param_file)"/>
  <rosparam command="load" ns="darknet_ros" file="$(arg network_param_file)"/>

  <node pkg="darknet_ros" type="darknet_ros" name="darknet_ros" output="screen" launch-prefix="$(arg launch_prefix)">
    <param name="weights_path"          value="$(arg yolo_weights_path)" />
    <param name="config_path"           value="$(arg yolo_config_path)" />
    <remap from="camera/rgb/image_raw"  to="$(arg image)" />
  </node>

</launch>
```

图 4-47　修改 darknet_ros.launch 文件

d. 运行指令启动 ROS 中的 YOLO 节点功能，见图 4-48。

```
roslaunch darknet_ros darknet_ros.launch // 开启 YOLO 节点
```

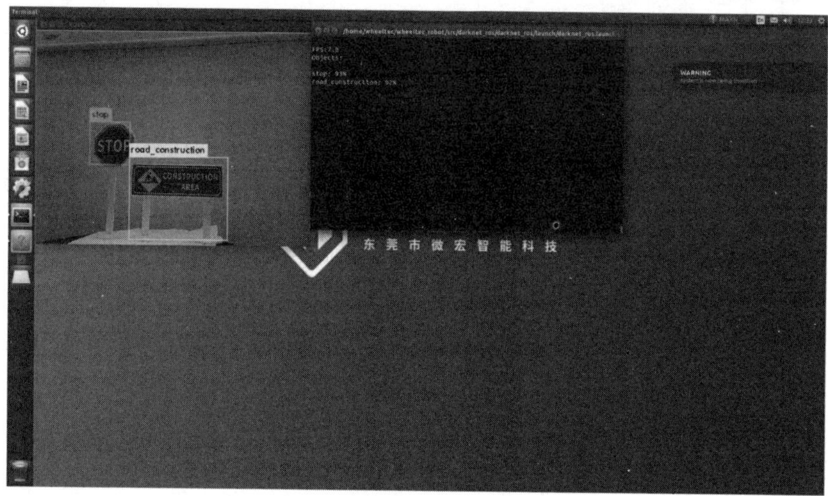

图 4-48　在 ROS 中启动 YOLO 节点

第 5 章

语音识别应用开发

思维导图

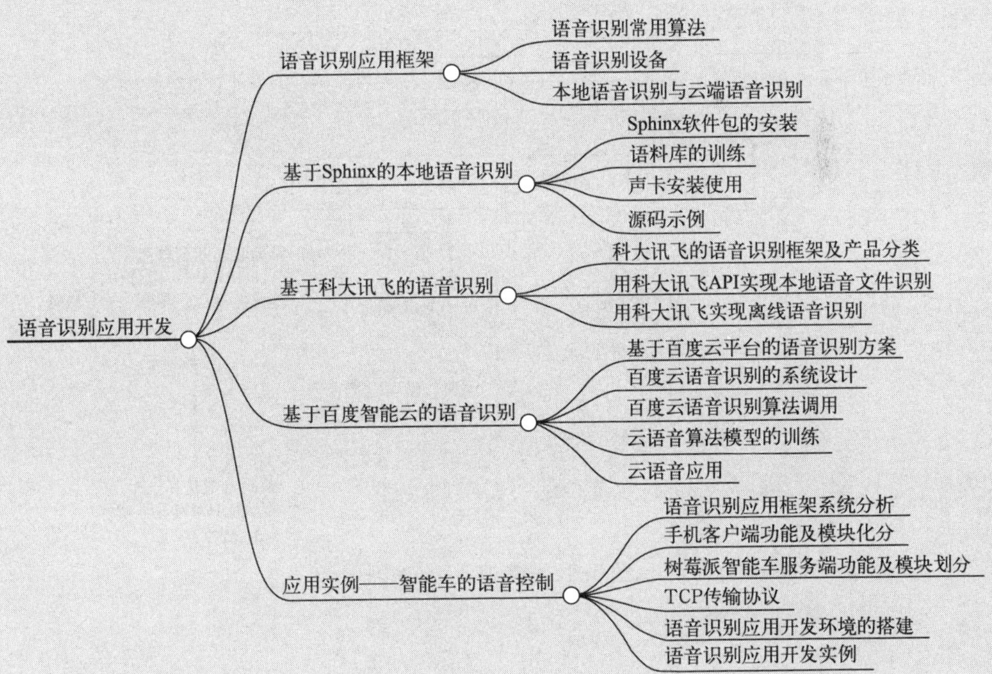

语音识别应用开发
语音识别应用框架
语音识别常用算法
语音识别设备
本地语音识别与云端语音识别
基于Sphinx的本地语音识别
Sphinx软件包的安装
语料库的训练
声卡安装使用
源码示例
基于科大讯飞的语音识别
科大讯飞的语音识别框架及产品分类
用科大讯飞API实现本地语音文件识别
用科大讯飞实现离线语音识别
基于百度智能云的语音识别
基于百度云平台的语音识别方案
百度云语音识别的系统设计
百度云语音识别算法调用
云语音算法模型的训练
云语音应用
应用实例——智能车的语音控制
语音识别应用框架系统分析
手机客户端功能及模块化分
树莓派智能车服务端功能及模块划分
TCP传输协议
语音识别应用开发环境的搭建
语音识别应用开发实例

本章主要介绍了语音识别应用开发的框架，其中包括语音输入设备、常用识别方法或算法、语音文字识别、语音特征识别、声源方向判断等。应用框架包括本地语音识别、云端识别等。

5.1 语音识别应用框架

随着人工智能、机器学习和深度学习的发展，涌现出许多与语言和语音相关的算法，这些算法驱动着各种语音识别软件的开发和应用。接下来，我们将介绍一些在语音识别中常用的算法以及一些常见的语音识别软件。

语音识别的本质是基于语音特征参数的模式识别。系统通过自主学习，能够将输入的语音按照一定的模式进行分类，并根据判定准则找出最佳匹配结果。目前，模式匹配原理已被广泛应用于大多数语音识别系统中。图 5-1 展示了基于模式匹配原理的语音识别系统框图。

一般的语音处理过程包括语音信号的输入、语音信号特征提取、利用声学模型语言模型和词典进行解码、输出识别结果这几个步骤。

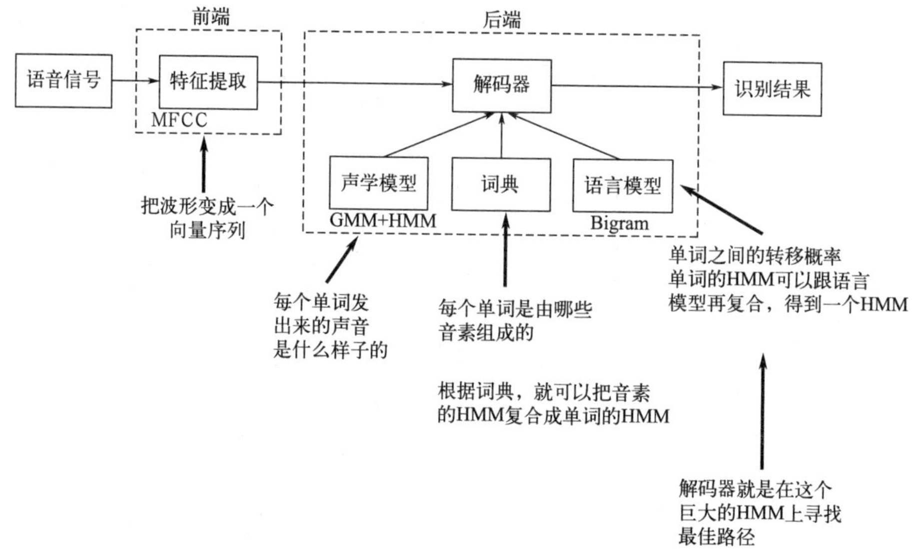

图 5-1 语音识别系统框图

5.1.1 语音识别常用算法

语音识别算法可分为三大类：模型匹配法、概率统计方法和辨别器分类方法。模型匹配法包括矢量量化（VQ）和动态时间规整（DTW）等。概率统计方法包括高斯混合模型（GMM）和隐马尔科夫模型（HMM）等。辨别器分类方法包括支持向量机（SVM）、人工神经网络（ANN）和深度神经网络（DNN）等。

以上是主流的语音识别技术概括，不同的算法和方法在不同场景下有各自的优势和适用性。下面对主流的识别技术做简单介绍。

（1）动态时间规整（DTW）

动态时间规整（DTW）是基于动态规划（DP）算法的一种技术。在语音识别中，每个人的发音都有差异，甚至同一个人多次朗读相同的话也会有变化。由于无法为每个人定制专属语音库，因此需要对这些不同的语音进行整合处理，这时时间规整就变得非常重要。

DTW 的思想是将两个不同长度、不同频率的时间序列进行扭曲，以获得一个尽可能相似长度的时间序列。通过计算序列之间的匹配差异和距离测量，可以得到测试语音与标准语音之间的距离。

（2）支持向量机（SVM）

支持向量机（SVM）是一种基于 VC 维理论和结构风险最小理论的分类方法，常用于二分类问题。它可以构建具有最大间隔的线性分类器，即能够正确划分训练数据集并找到最大几何间隔的分离超平面。SVM 的主要目标是在模型复杂度和学习能力之间找到最佳的平衡。

简单来说，SVM 通过寻求约束最优的过程来求解最大分离超平面，从而实现分类。相比于神经网络算法中容易陷入局部极值的问题，SVM 能够得到全局最优解。

SVM 是一种有效的分类算法，它在寻找最佳折中方法时利用了有限样本信息。理论上，SVM 是一个简单的优化过程，它解决了局部极值问题，并能够获得全局最优解（图 5-2）。

在语音识别领域，SVM 已经成功应用，并展现出良好的识别性能。它能够处理语音识别任务中的分类问题，并具备较好的泛化能力和鲁棒性。通过适当选择特征和调整模型参数，SVM 可以有效地提高语音识别的准确性。

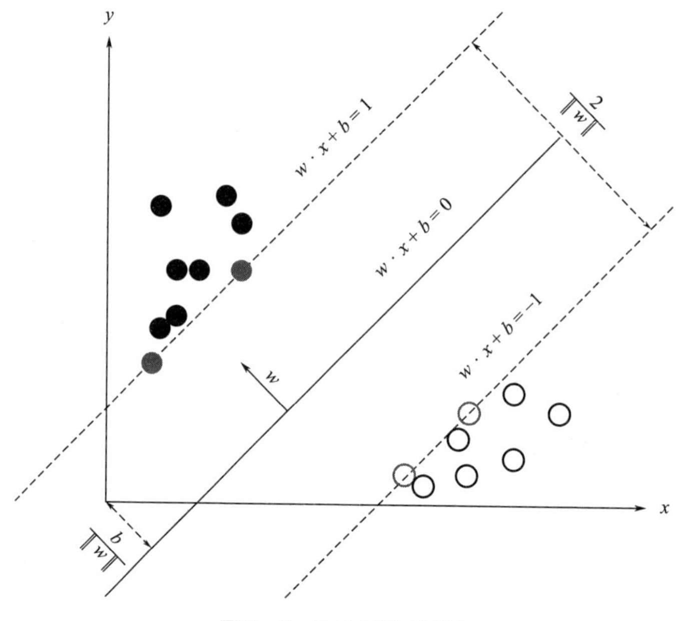

图 5-2　SVM 算法原理

（3）矢量量化（VQ）

矢量量化（VQ）是一种广泛应用于语音和图像压缩编码领域的重要技术。它的基本原理是在保持信息量损失较小的情况下，将每帧特征矢量参数整体量化，从而实现数据的压缩。VQ 具有压缩比较大、解码简单和能够保留信号细节的优点。通常，VQ 适用于小词汇量的孤立词语音识别系统。

（4）隐马尔科夫模型（HMM）

隐马尔科夫模型（HMM）是一种统计模型，用于语音识别中的文字发声概率建模。HMM 模型学习包括统计过程、转换概率计算和概率比较。最终通过比较概率大小，识别具有最大概率的状态转移过程，得到匹配的文字序列结果。HMM 模型在语音识别中发挥了重要作用，通过概率计算和比较，系统能够识别出最可能的文字序列。

（5）高斯混合模型（GMM）

高斯混合模型（GMM）是由高斯函数推导得来，其中高斯模型又分为单高斯模型（SGM）以及高斯混合模型。类似聚类算法，相对于 SGM 而言，GMM 可以进行多类别划分，在语音识别中通常与 HMM 一起使用。

（6）深度神经网络 / 深信度网络－隐马尔科夫（DNN/DBN-HMM）

目前机器学习中的分类算法，想要获得优秀的训练模型，都需要大量的标注样本进行训练，但是并没有多少算法能够在样本较少的情况下依然能获得比较好的训练效果。相比之下，深度学习有从少数样本中学习的能力，因此提出了基于深度神经网络（DNN）的训练方法，利用空间相对关系减少参数数目以提高神经网络的训练性能。与 HMM 结合应用在语音识别系统中组成 DNN/DBN-HMM，相比于传统的 GMM-HMM，DNN/DBN-HMM 不需要对语音数据的分布进行假设。不同于 GMM 只能输入单帧的信号，DNN/DBN-HMM 可以输入离散或者连续的多特征 DNN 特征，可以利用相邻语音所包含的结构信息。但是其对于时序信息的长时相关性的建模是较弱的。DNN/DBN-HMM 识别系统的模型如图 5-3 所示。

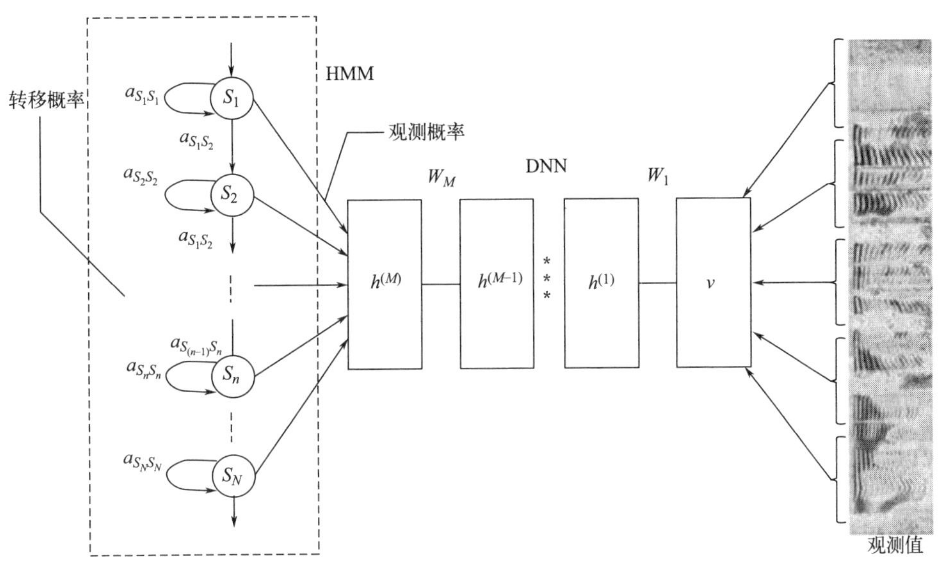

图 5-3　基于深度神经网络的语音识别系统

（7）循环神经网络（RNN）

在语音识别中，词与词之间的相关性很高。为了解决 DNN 的缺点，引入了循环神经网络（RNN）。RNN 与 DNN 的主要区别在于它有一个隐藏层，隐藏层包含了上一层的部分输出，使当前序列的输入与上一层输出相关。RNN 的结构可以是 1 对 1、1 对 n、n 对 1 或 n 对 n。为了降低复杂度，通常假设当前状态只与前面的若干状态相关。RNN 结构图见图 5-4。RNN 在语音识别中

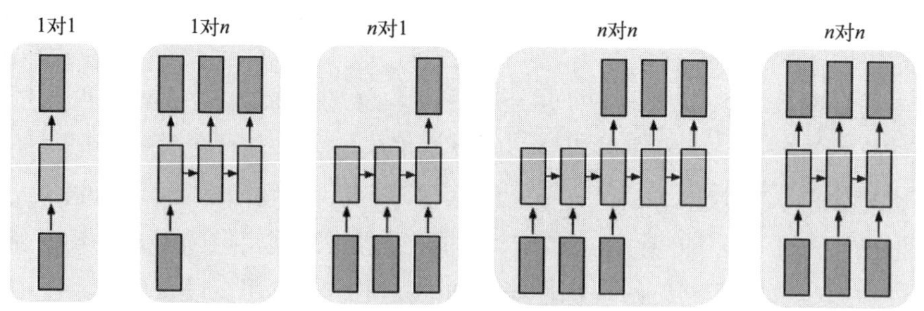

图 5-4 RNN 示意图

能够捕捉到上下文信息，提高识别准确性。

（8）长短时记忆模块（LSTM）

LSTM 是 RNN 的一种，用于解决训练过程中梯度爆炸和梯度消失问题。LSTM 通过门控状态来控制输出状态，包括遗忘门、记忆门和输出门。遗忘门和记忆门能够选择性地遗忘不重要的信息和保存重要的信息，然后通过输出门进行输出。LSTM 在处理长序列语音时表现出色。目前，基于 RNN-CTC 的语音识别系统框架广泛应用了 LSTM。RNN-CTC 由双向 RNN 和 CTC 输出层构成。双向 RNN 能够利用过去和未来的信息，做出准确的判断。CTC 实现了端到端的训练。基于 RNN-CTC 的语音识别系统框架如图 5-5 所示。这一框架结合了 LSTM 的优势，提高了语音识别的准确性和性能。

（9）卷积神经网络（CNN）

卷积神经网络（CNN）的出现为深度学习的实现提供了可能。相对于传统神经网络，CNN 在全连接层之前引入了卷积层和池化层，使得特征学习更加有效。然而，长时间以来，CNN 在语音识别领域的研究相对有限，更多地应用于图像识别和处理。直到深度全序列卷积神经网络（DFCNN）的出现，它直接对整句语音信号进行建模，更好地捕捉语音的长时相关性。DFCNN 将语音转化为图像进行处理，在时域上进行分帧和傅里叶变换，将时间和频率作为图像的两个维度，并进行大量的卷积和池化操作。最终输出单元与识别结果（如音节或汉字）直接对应。DFCNN 的结构如图 5-6 所示。这一方法在语音识别中取得了较好的表现，能够较好地提高识别准确性。

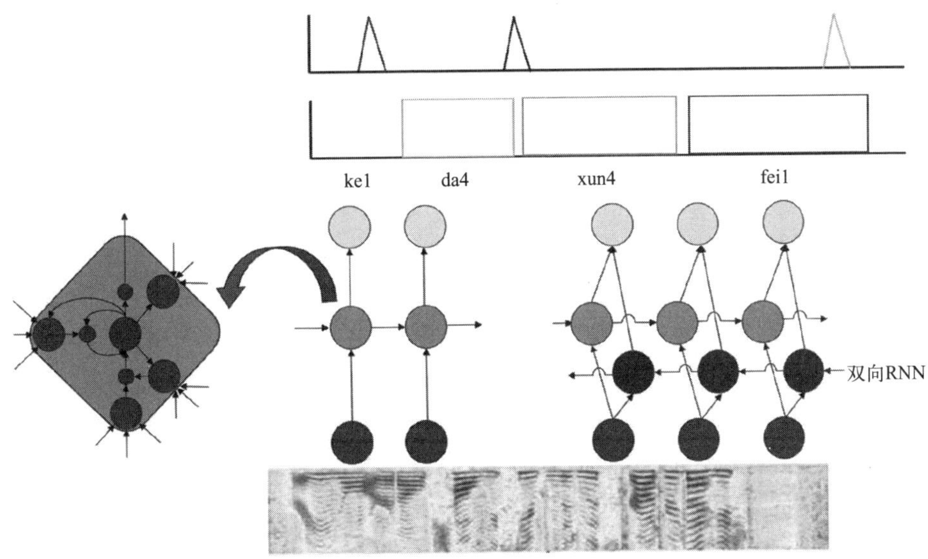

图 5-5 基于 RNN-CTC 的主流语音识别系统框架

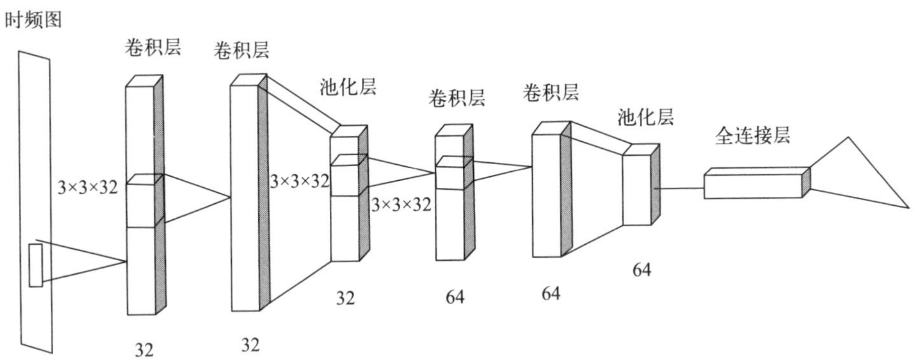

图 5-6 DFCNN 结构

5.1.2 语音识别设备

近年来，语音智能设备在市场上越来越常见。例如，智能家居领域中的语音控制系统，可以通过声音指令方便地控制门锁、电灯、空调、窗帘等家居设备，进一步推动家居智能化的发展。这种智能家居的出现改变了人们的生活方式，加快了进入物联网时代的步伐。一些常见的语音设备包括 HomePod、亚马逊 Echo、天猫精灵、华为 AI 音箱小艺、小度在家、腾讯 AI 智能音箱、叮咚 AI 智能音箱、若祺智能音箱、智能电视、智能机顶盒等。

在儿童教育领域，也出现了儿童机器人、智能故事机、智能学习机等产品。人们还可以随身携带一些智能语音设备，如蓝牙语音 TWS 耳机、智能手表、智能翻译机。汽车上也出现了车载智能导航、手机智能支架、智能车载机器人等产品。商务方面的智能录音笔、商务录音转写器、智能办公本等也受到了广泛关注。

以上产品都应用了智能语音技术的全部或部分功能，以满足实际业务场景的需求。人们对语音产品和语音技术的认知和了解也越来越深入，对相关的语音技术供应商如科大讯飞、亚马逊的 Alexa、Google 的 Dialog Flow 也有了更多的了解。对于了解语音行业的人来说，他们大多知道 ASR 代表语音识别，NLP 则代表自然语言处理。随着语音技术的不断发展，我们可以期待更多创新的语音产品和应用的出现，为我们的生活带来更多便利和智能化的体验。

5.1.3　本地语音识别与云端语音识别

语音识别功能是将语音输入转换为文字输出的过程。目前有两种实现方式。

① 本地语音识别（离线语音识别）。通过本地语音输入设备采集声音信号，并使用本地安装的语音识别模组进行本地语音控制命令词的识别。本地语音识别具有响应速度快、控制简单等优点。然而，由于本地计算机的运算能力有限，一些复杂的语音识别算法难以运行或无法达到实时识别要求，因此，本地识别通常只能实现简单的单词识别。

② 云端语音识别。终端设备采集声音信号后，通过网络传到云端服务器进行语义分析和理解，解析出用户的意图，然后通过网络传回终端设备，进行相应的操作控制。云端语音识别的优点是云端服务器具有强大的处理能力，可以支持连续的在线语音识别，并具有较高的准确率。然而，云端语音识别需要网络支持，并对网络传输速度有一定要求。此外，云端服务器的负载能力有限，因此在特定情况下，语音识别速度可能会受到影响。

常见的本地语音识别软件包括 Sphinx 和科大讯飞离线语音识别包等，它们可以安装在树莓派等设备上。树莓派本身带有声卡可用于语音采集，但使用体验可能不佳。如果需要更好的感知效果，读者可以在树莓派上添加专用声卡，以支持 2 声道或 4 声道语音输入，从而实现声源方向的识别。

现云端语音识别服务有多家供应商提供，目前较为常见的有百度云和科大讯飞的在线语音识别。本章将主要介绍基于树莓派的本地语音识别，而在线语音识别通常需要调用语音 API。在接下来的章节中，我们将详细介绍科大讯飞和百度云的在线语音识别服务。

5.2　基于 Sphinx 的本地语音识别

CMU 的 Sphinx 开源语音识别软件包，网络上有很多介绍及教程，而且官网也有非常详细的数据和文件。

为了更加方便读者学习，下面是在基于树莓派显示屏的安装详解（即使安装流程和下面一致，在安装过程中还是会不可避免地出现各种问题，所以请读者一定要多上网查阅相关资料，尤其是官网）。

5.2.1　Sphinx 软件包的安装

（1）准备以下压缩包（官网下载）

pocketsphinx-5prealpha——用 C 语言编写的轻量级识别库，主要用于识别。

sphinxbase-5prealpha——pocketsphinx 所需要的支持库，主要完成的是语音信号的特征提取。

cmusphinx-zh-cn-5.2——中文语料包，可实现识别中文。

将这些压缩包通过 u 盘或网络传输，复制到树莓派的 pi 目录下。

（2）解压安装包之前下载 bison 和 swig

```
sudo apt-get install libasound2-dev bison ;
sudo apt-get install swig。
```

注：在 linux 里默认没有这两个软件包。

（3）开始安装

要注意的是一定要先安装 sphinxbase-5prealpha，因为 pocketsphinx-5prealpha 需要借助 sphinxbase-5prealpha 里的文件才能正常运作，所以在

第一次安装的时候一定不要打乱顺序。

① 解压：sudo tar-xf sphinxbase-5prealpha.tar.gz。

注：不习惯终端操作的可以直接在 pi 目录下解压 sphinxbase，后面也是如此。

② 进入 sphinxbase 目录：cd sphinxbase-5prealpha。

③ 执行 sudo ./autogen.sh。

注：这一步在此前的教程里是没有的，这是因为我们要在树莓派上实现语音识别功能。

④ 执行：sudo ./configure。

这一步操作是为了检查系统是否具有其编译所需要的所有软件包。如果没有的话，它会进行提示缺少什么包，这也是为什么在一开始我们需要安装看似没有关系的软件包。

⑤ 接下来即可运行：

```
sudo make
sudo make install
```

完成以上步骤并运行正常，就可以进行安装 pocketsphinx 的操作了。但在安装 pocketsphinx 之前，我们需要先将 sphinxbase 的路径写进环境变量中。

```
export LD_LIBRAR_PATH=/usr//local/lib
export PKG_CONFIG_PATH=/usr/local/lib/pkgconfig
```

执行 sudo leafpad /etc/ld.so.conf 查看是否已经将上述路径写入文件：

```
/usr/local/lib
/usr/local/lib/pkgconfig
```

（4）安装 pocketsphinx-5prealpha

```
sudo tar-xf pocketsphinx-5prealpha.tar.gz
cd pocketsphinx-5prealpha
sudo ./autogen.sh
sudo ./configure
sudo make
sudo make install
```

（5）测试

在 pocketsphinx-5prealpha 目录下输入：

```
sudo pocketsphinx_continuous
```

如果出现以下信息，说明安装成功：

```
INFO:...
.....
INFO:continuous.c(252):Ready....
```

注：如果安装不成功，先查看前面的步骤是否有出错，若不能解决的，可以把出问题的命令行复制下来，到网络上自行查询。

安装好前面的软件包，那么你的树莓派就已经可以实现初级的语音识别功能，但是为了达到高准确率识别的效果，我们必须训练适应自己的语言包，也就是自制语料包。

5.2.2　语料库的训练

制作语料包的方法有两种：一是先编写 .txt 文件，然后利用 CMUsphinx 官方工具生成 *.dic 和 *.lm 文件；二是先编写 .txt 文件，然后自己在终端手动生成 *.dic 和 *.lm 文件。这两种方法，我比较建议前者，后者对编写文件的要求极其严格，很难生成正确有效的文件。

pocketsphinx-5prealpha 自带的语料包是 en-us，只用于识别英文的语音输入。我们在日常生活中使用的话，可以下载中文包，实现中文语音识别。而 cmusphinx-zh-cn-5.2 就是官网最新发布的中文包，将它放在 pi 目录下解压即可。这时候再对语音识别进行测试的时候，我们就要改变命令为

```
sudo pocketsphinx_continuous -hmm zh_cn.cd_cont_5000/ -lm zh_cn.lm.bin -dict zh_cn.dic
```

注：此时运行，系统可能会提示 ***-infile<*.wav>or -inmic yes，表示询问用户想选择识别系统里的 .wav 文件还是用麦克风进行实时识别。

程序正常运行之后，我们会发现它的识别度非常低，甚至还不如英文识别，这其实是因为 zh_cn.dic 过于庞大，字典文件里包含的可识别的文字过于冗杂，而人声不可能百分之百地和文件里定义的音调完全符合，所以为了提高它的识别度和识别正确率，我们必须精简字典文件。单纯减少中文包自带的 zh_cn.dic 是非常不现实的操作，而且这个字典文件在之后有很大的作用。我

们可以在里面查询系统定义的词汇的发音，所以我们现在要做的，就是选择自制语料包。步骤如下：

在 cmusphinx-zh-cn-5.2 目录下创建一个 *.txt 文件，然后 vi *.txt ；

在文件里添加你想识别的任何语句；

保存退出之后，将 .txt 文件放在 windows 下，登录 Sphinx 工具网站。

点击“选择文件”—选择 *.txt 文件—点击下方按钮跳转界面，这样就生成了一个压缩包。

将压缩包添加进树莓派的 pi-cmusphinx-zh-cn-5.2 中解压；

Sphinx 页面如图 5-7 所示。

(a)

Sphinx knowledge base generator [lmtool.3a]

Your Sphinx knowledge base compilation has been successfully processed!

The base name for this set is **7494**. TAR7494.tgz is the compressed version.
Note that this set of files is internally consistent and is best used together.

IMPORTANT: Please download these files as soon as possible; they will be deleted in approximately a half hour.

```
SESSION 1556877520_08185
[_INFO_] Found corpus: 6 sentences, 6 unique words
[_INFO_] Found 0 words in extras  (0)
[_INFO_] Language model completed  (0)
[_INFO_] Pronounce completed  (0)
[_STAT_] Elapsed time: 0.007 sec
```

Please include these messages in bug reports.

Name	Size	Description
7494.dic	60	*Pronunciation Dictionary*
7494.lm	1.3K	*Language Model*
7494.log_pronounce	254	*Log File*
7494.sent	108	*Corpus (processed)*
7494.vocab	54	*Word List*
TAR7494.tgz	956	**COMPRESSED TARBALL**

(b)

图 5-7　Sphinx 页面

接下来是非常重要的一步，在终端打开 *.dic 文件，在每行语句后面添加相应的拼音，这些字的拼音要在 zh_cn.dic 里面进行查找。这项工作很麻烦，但也必不可少，不然会导致程序运行出现识别失败的问题。

当程序运行成功之后，识别度和识别正确率提高了很多，这也算一种捷径。

以上就是 Sphinx 安装及训练的详细教程。

5.2.3　声卡安装使用

前面说到，我们需要在树莓派上装载一个麦克风，让语音输入更加方便。而我们所使用的麦克风也有官方教程安装，基本的操作就不在此过多赘述，下面对安装过程中的两个难点进行讲解。

（1）树莓派软件源问题

很多人会卡在这一步。首先我们看官方教程上描述的树莓派软件源如图 5-8 所示。

3. 在安装驱动之前，请根据以下流程切换源到清华。

```
pi@raspberrypi ~ $ sudo nano /etc/apt/sources.list
```

用#注释掉原文件内容，用以下内容取代：

```
deb http://mirrors.tuna.tsinghua.edu.cn/raspbian/raspbian/ stretch main non-free contrib
deb-src http://mirrors.tuna.tsinghua.edu.cn/raspbian/raspbian/ stretch main non-free contrib
```

图 5-8　树莓派软件源

很多人在第一次安装驱动的时候未经思考就直接进行这一步操作，从而导致后面下载软件包多次失败。

软件源是系统在下载软件的时候会访问的网址，切换不同的软件源也就是切换不同的下载网址。其实无论切换哪个软件源，最终的目的都是成功下载软件，所以不要盲目切换软件源，可以在第一次进行安装的时候选择跳过这步，直接进行后面的操作。如果软件包下载失败，可以再返回进行软件源的切换。网上也有很多实时更新的软件源，所以一旦发现软件包下载不正常，一定要及时切换软件源（前提是要保证树莓派联网正常）。

（2）声卡问题及 pocketsphinx 在树莓派上的配置问题

在完美安装声卡驱动和 pocketsphinx 之后，再来进行语音识别操作，如果此时发现出现了问题，就要考虑是否声卡设置出现了问题。

正常的树莓派自带一个声卡，也就是系统默认声卡，所以我们想要使用的 respeaker 就很难被启用。因此我们需要执行以下操作，更改系统默认声卡设置。

先禁用树莓派自带的音频输出设备：

```
sudo nano /boot/config.txt
```

查看文件，最后三行改为如图 5-9 所示的语句，保存退出。

```
# Uncomment this to enable the lirc-rpi module
#dtoverlay=lirc-rpi

# Additional overlays and parameters are docume

# Enable audio (loads snd_bcm2835)
#dtparam=audio=on
dtparam=audio=off
```

图 5-9　禁用音频输出设备

```
cat /boot/config.txt  可以再次查看并确认已修改。
sudo reboot now 重启树莓派。
```

查看声卡设备（如图 5-10 所示）。

```
cat  /proc/asound/cards
cat  /proc/asound/modules
```

```
INFO: ngram_search_fwdflat.c(157): Created 723 root, 152481 non
INFO: continuous.c(307): pocketsphinx_continuous COMPILED ON: M

ALSA lib pcm_hw.c:1713:(_snd_pcm_hw_open) Invalid value for car
Error opening audio device default for capture: No such file or
FATAL: "continuous.c", line 245: Failed to open audio device
pi@raspberrypi:~/pocketsphinx-5prealpha $ cd ..
pi@raspberrypi:~ $ sudo nano /boot/config.txt
pi@raspberrypi:~ $
pi@raspberrypi:~ $ cat /proc/asound/cards
 0 [seeed2micvoicec]: seeed-2mic-voic - seeed-2mic-voicecard
                      seeed-2mic-voicecard
pi@raspberrypi:~ $ cat /proc/asound/modules
 0 snd_soc_simple_card
pi@raspberrypi:~ $
```

图 5-10　查看声卡设备

查看 ALSA 配置（如图 5-11 所示）。

```
sudo ~ /.asoundrc
sudo /usr/share/alsa/alsa.conf
```

```
pi@raspberrypi:~ $ cat ~/.asoundrc
pcm.!default {
        type hw
        card 0
}

ctl.!default {
        type hw
        card 0
}
```

图 5-11　查看 ALSA 配置

修改 card *，全部修改成 card 0，如图 5-12 所示。

```
defaults.ctl.card 0
defaults.pcm.card 0
```

图 5-12　修改 ALSA 配置

修改完毕之后一定要再次打开文件进行检查，不然就会出现如图 5-13 所示的错误。

```
pi@raspberrypi:   sudo ~/.asoundrc
sudo: /home/pi/.asoundrc：找不到命令
pi@raspberrypi:~ $ cat ~/.asoundrc

pcm.!default {
        type hw
        card -1
}

ctl.!default {
        type hw
        card -1
}
pi@raspberrypi:~ $
```

图 5-13　检查配置

这样默认声卡的配置就完成了。

而在树莓派上运行的 continuous.c 出现问题，需要安装一些软件包（配

置前先更新软件源及软件），如图 5-14 所示。

图 5-14　更新软件源及软件

① gcc g++；

② automake；

③ autoconf；

④ libtool；

⑤ bison；

⑥ swig；

⑦ python2.7+；

⑧ pulseaudio。

在 Python 中用 speechrecognition 运行，需要再运行 pip install portaudio pyaudio Libasound2-dev（如果出现依赖版本冲突问题，试一下 sudo aptitude install …而不是 sudo apt-get install …）。

安装完毕之后，修改配置文件，执行如下操作：

```
$sudo nano /etc/modprobe.d/alsa-base.conf
```

找到下面这两行：

```
# Keep snd-usb-audio from being loaded as first soundcard options snd-usb-audio index=-2
```

将其中的 snd-usb-audio 替换为 snd_soc_simple_card。

再运行程序，就可以进行语音识别了。

```
$pocketsphinx_continuous -inmic yes
```

以上操作均是在有显示屏的情况下进行的。没有显示屏时，可以使用 ssh 协议通过远程连接，实现在无显示屏下的树莓派操作。

5.2.4　源码示例

下列程序运行在树莓派上，利用 Sphinx 可实现本地语音识别，可识别简单的小车控制命令，并控制小车的运行。

```
#include <stdio.h>
#include <string.h>
#include <assert.h>
#include<stdlib.h>
#include<errno.h>
#include<sys/types.h>
#include<netinet/in.h>
#include<sys/socket.h>
#include<sys/wait.h>
#include<sys/stat.h>
#include<fcntl.h>
#include<unistd.h>
#include <arpa/inet.h>
#include<netdb.h>
#include<wiringPi.h>
#define PORT 8888
#define MAXDATASIZE 256


int socket_fd;// 套接字
struct sockaddr_in server_addr;// 服务器网络地址结构体
char buf[MAXDATASIZE];

#include <sphinxbase/err.h>
#include <sphinxbase/ad.h>

#include "pocketsphinx.h"

static const arg_t cont_args_def[] = {
    POCKETSPHINX_OPTIONS,
    /* Argument file. */
    {"-argfile",
    ARG_STRING,
    NULL,
    "Argument file giving extra arguments."},
```

```
    {"-adcdev",
    ARG_STRING,
    NULL,
    "Name of audio device to use for input."},
    {"-infile",
    ARG_STRING,
    NULL,
    "Audio file to transcribe."},
    {"-inmic",
    ARG_BOOLEAN,
    "no",
    "Transcribe audio from microphone."},
    {"-time",
    ARG_BOOLEAN,
    "no",
    "Print word times in file transcription."},
    CMDLN_EMPTY_OPTION
};

static ps_decoder_t *ps;
static cmd_ln_t *config;
static FILE *rawfd;

static void
print_word_times()
{
    int frame_rate = cmd_ln_int32_r(config, "-frate");
    ps_seg_t *iter = ps_seg_iter(ps);
    while (iter != NULL) {
        int32 sf, ef, pprob;
        float conf;

        ps_seg_frames(iter, &sf, &ef);
        pprob = ps_seg_prob(iter, NULL, NULL, NULL);
        conf = logmath_exp(ps_get_logmath(ps), pprob);
        printf("%s %.3f %.3f %f\n", ps_seg_word(iter), ((float)sf / frame_rate),
              ((float) ef / frame_rate), conf);
        iter = ps_seg_next(iter);
    }
}
```

```
static int
check_wav_header(char *header, int expected_sr)
{
    int sr;

    if (header[34] != 0x10) {
       E_ERROR("Input audio file has [%d] bits per sample instead of 16\n",
header[34]);
       return 0;
    }
    if (header[20] != 0x1) {
        E_ERROR("Input audio file has compression [%d] and not required
PCM\n", header[20]);
        return 0;
    }
    if (header[22] != 0x1) {
       E_ERROR("Input audio file has [%d] channels, expected single channel
mono\n", header[22]);
        return 0;
    }
    sr = ((header[24] & 0xFF) | ((header[25] & 0xFF) << 8) | ((header[26] &
0xFF) << 16) | ((header[27] & 0xFF) << 24));
    if (sr != expected_sr) {
        E_ERROR("Input audio file has sample rate [%d], but decoder expects
[%d]\n", sr, expected_sr);
        return 0;
    }
    return 1;
}
/* Sleep for specified msec */

#define IN1 1
#define IN2 4
#define IN3 5
#define IN4 6
void run() // 前进
{
digitalWrite(4,Low);
digitalWrite(1,High);
```

```
digitalWrite(6,Low);
digitalWrite(5,High);
delay(3000)
}
void back () //后退
{
digitalWrite(4,High);
digitalWrite(1,Low);
digitalWrite(6,High);
digitalWrite(5,Low);
delay(3000)
}
Void left () //左转
{
digitalWrite(4,High);
digitalWrite(1,Low);
digitalWrite(6,Low);
digitalWrite(5,High);
delay(3000)
}
Void right () //右转
{
digitalWrite(4,Low);
digitalWrite(1,High);
digitalWrite(6,High);
digitalWrite(5,Low);
delay(3000)
}

static void
sleep_msec(int32 ms)
{
#if (defined(_WIN32) && !defined(GNUWINCE)) || defined(_WIN32_WCE)
    Sleep(ms);
#else
    /* ------------------- Unix ------------------ */
    struct timeval tmo;

    tmo.tv_sec = 0;
    tmo.tv_usec = ms * 1000;
```

```
    select(0, NULL, NULL, NULL, &tmo);
#endif
}

static void
recognize_from_microphone()
{
    ad_rec_t *ad;
    int16 adbuf[2048];
    uint8 utt_started, in_speech;
    int32 k;

    int so_broadcast=1;
    server_addr.sin_family=AF_INET;// 设置为 IP 通信
    server_addr.sin_port=htons(PORT);// 服务器端口号
    server_addr.sin_addr.s_addr=inet_addr("192.168.4.1");// 服务器 IP 地址
    bzero(&(server_addr.sin_zero),8);// 将 my_addr.sin_zero 的前 8 个字节清 0
    char const *hyp;
   char const *a=" 前进 ";
    char const *b=" 后退 ";
   char const *c=" 右转 ";
    char const *d=" 左转 ";

    int r01,r02,r03,r04;

    if ((ad = ad_open_dev(cmd_ln_str_r(config, "-adcdev"),
                          (int) cmd_ln_float32_r(config,
                                                 "-samprate"))) == NULL)
       E_FATAL("Failed to open audio device\n");
    if (ad_start_rec(ad) < 0)
       E_FATAL("Failed to start recording\n");

    if (ps_start_utt(ps) < 0)
       E_FATAL("Failed to start utterance\n");
    utt_started = FALSE;
    E_INFO("Ready....\n");

    for (;;) {
        if ((k = ad_read(ad, adbuf, 2048)) < 0)
```

```
            E_FATAL("Failed to read audio\n");
        ps_process_raw(ps, adbuf, k, FALSE, FALSE);
        in_speech = ps_get_in_speech(ps);
        if (in_speech && !utt_started) {
            utt_started = TRUE;
            E_INFO("Listening...\n");
        }
        if (!in_speech && utt_started) {
            /* speech -> silence transition, time to start new utterance  */
            ps_end_utt(ps);
            hyp = ps_get_hyp(ps, NULL );
        if((socket_fd=(socket(AF_INET,SOCK_DGRAM,0)))==-1) {
        perror("socket");
        exit(1);
    }
    // 使 UDP 发送的数据包具有广播性
   setsockopt(socket_fd,SOL_SOCKET,SO_BROADCAST,&so_broadcast,sizeof(so_
broadcast));
            if (hyp != NULL) {
                  r01==strcmp(hyp,a);
                  r02==strcmp(hyp,b);
                 r03==strcmp(hyp,c);
                  r04==strcmp(hyp,d);
                  if(!r01)
                    run();
                  else if(!r02)
                      back();
                  else if(!r03)
                      right();
              else if(!r04)
                      left();

                printf("%s\n", hyp);
                fflush(stdout);
            }

            if (ps_start_utt(ps) < 0)
               E_FATAL("Failed to start utterance\n");
            utt_started = FALSE;
            E_INFO("Ready....\n");
```

```
        }
        sleep_msec(100);
    }
    ad_close(ad);
}
int
main(int argc, char *argv[])
{
     char const *cfg;

     config = cmd_ln_parse_r(NULL, cont_args_def, argc, argv, TRUE);

     /* Handle argument file as -argfile. */
     if (config && (cfg = cmd_ln_str_r(config, "-argfile")) != NULL) {
        config = cmd_ln_parse_file_r(config, cont_args_def, cfg, FALSE);
      }

     if (config == NULL || (cmd_ln_str_r(config, "-infile") == NULL && cmd_
ln_boolean_r(config, "-inmic") == FALSE)) {
     E_INFO("Specify '-infile <file.wav>' to recognize from file or '-inmic
yes' to recognize from microphone.\n");
          cmd_ln_free_r(config);
     return 1;
     }

     ps_default_search_args(config);
     ps = ps_init(config);
     if (ps == NULL) {
        cmd_ln_free_r(config);
        return 1;
     }
     E_INFO("%s COMPILED ON: %s, AT: %s\n\n", argv[0], __DATE__, __TIME__);

     if (cmd_ln_str_r(config, "-infile") != NULL) {
        recognize_from_file();
     } else if (cmd_ln_boolean_r(config, "-inmic")) {
         recognize_from_microphone();
     }
     ps_free(ps);
     cmd_ln_free_r(config);
```

```
    return 0;
}
```

将新的 continuous.c 文件替换 pocketsphinx-5prealpha/src/programs 里的 continuous.c 文件就可以了，文件名绝对不能改变。

其次，代码里的关键函数（即 static void recognize_from_microphone()）里进行了语音转文字、文字转指令的操作，读者可以根据个人需求，将命令替换成自己的语言，同时训练对应的语言模型和声学模型及字典文件。CMUsphinx 提供了强大的 API，读者可以更进一步优化程序，达到自己理想的实现模式。

5.3 基于科大讯飞的语音识别

本节主要介绍基于科大讯飞的语音识别技术。科大讯飞在语音识别领域拥有先进的技术，其通用语音识别率高达 98%，且无需进行算法开发。在使用方面，科大讯飞的接口调用对用户非常友好，可以方便地对本地的语音文件进行测试。本节将重点介绍科大讯飞的语音识别框架，包括在线语音转写和手机端语音识别功能。科大讯飞的语音识别框架能够满足各种应用需求，并为用户提供便捷的语音识别体验。

5.3.1 科大讯飞的语音识别框架及产品分类

市面上的语音识别系统大多使用双向长短时记忆网络（LSTM）这样的优秀框架。然而，LSTM 的训练复杂度较高，且解码时延也较高，尽管其训练效果良好，但限制了其在实际应用中的广泛应用。为了解决这一问题，科大讯飞提出了一种全新的语音识别框架，即深度全序列卷积神经网络（DFCNN），如图 5-15 所示。

DFCNN 是一种使用大量的卷积层对整句语音信号进行建模的语音识别框架。它以语谱图作为输入，通过累积多个卷积池化层来捕捉长时相关性和鲁棒性，并实现短延时的准在线解码。与传统的语音特征相比，使用语谱图作为输入具有更好的优势。

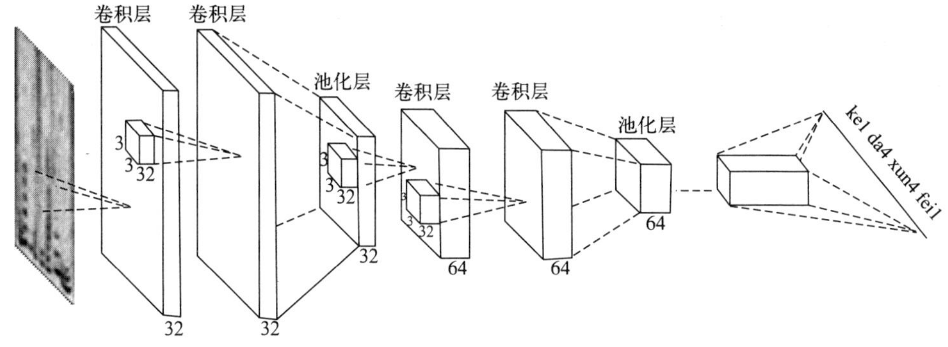

图 5-15　DFCNN 模型

此外，科大讯飞在处理噪声问题方面采用了加噪训练的思想，借鉴了口语的特点，通过引入口语“噪声”现象自动生成海量口语语料，解决了口语和书面语之间的不匹配问题。科大讯飞还提出了篇章级语言模型的方案，基于 Encoder-Decoder 的神经网络框架实现口语文本的自动生成，并通过关键信息抽取、语料搜索和后处理提高语音转写的准确率。

此外，科大讯飞还提供了针对噪声和远场识别的解决方案，以及实时纠错和文字后处理等技术。

科大讯飞的语音识别技术分为在线语音识别和本地语音识别两大类。在线语音识别包括语音听写、语音转写、语音唤醒等，而本地语音识别包括离线语音听写和离线命令词识别。用户可以根据需求选择适合的技术和产品。更详细的技术文档说明可以在讯飞开放平台的产品服务页面找到。

5.3.2　用科大讯飞 API 实现本地语音文件识别

① 首先，需要在科大讯飞平台注册一个账号，可以使用微信扫码注册或者手机号注册。科大讯飞注册平台如图 5-16 所示。

② 注册完成之后点击右上方控制台，创建一个应用，选择语音转写。应用创建界面如图 5-17 所示。

③ 创建好应用后，转到产品服务语音转写界面，点击“免费试用”；在下方产品价格区域点击“免费领取”。点击免费个人套餐页面，在完成个人认证后领取免费包，有效期为 1 年。语音转写界面、免费试用领取界面、免费领取界面如图 5-18 ~ 图 5-20 所示。

④ 在控制台查看套餐使用情况如图 5-21 所示。

图 5-16　科大讯飞注册平台

图 5-17　应用创建界面

图 5-18　语音转写界面

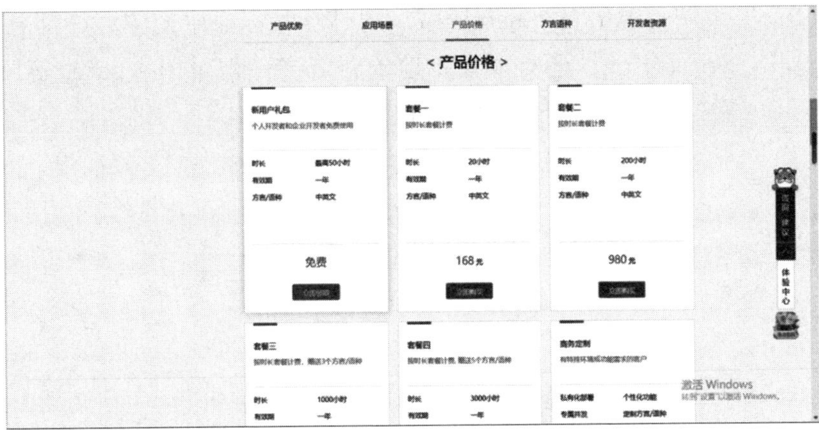

图 5-19　免费试用领取界面

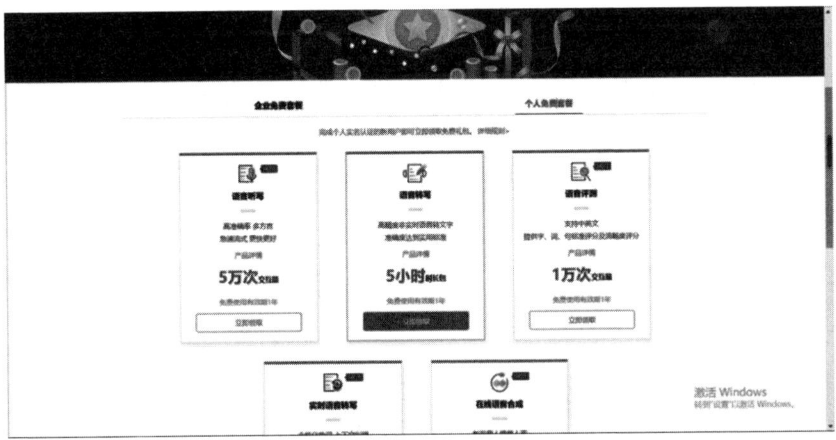

图 5-20　免费领取界面

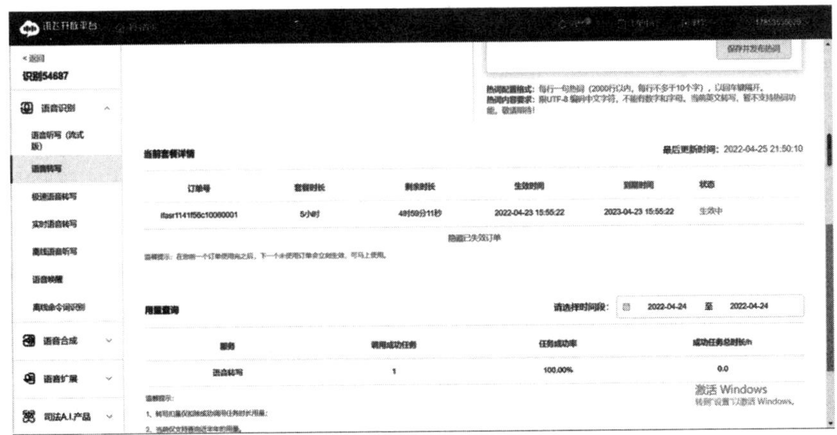

图 5-21　套餐查询界面

（5）下载调用API的demo程序，同时修改程序中的主程序部分，包括AppID、SecretKey，还有填写本地的语音文件地址file_path。APPID、SecretKey我们可以在控制台看到，如图5-22所示。

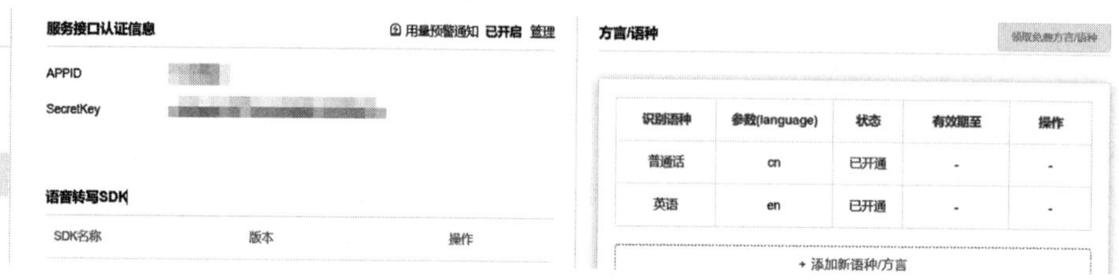

图5-22 接口用户ID和密码界面

需要修改部分，如图5-23所示。

```
if __name__ == '__main__':
    #api = RequestApi(appid="", secret_key="", upload_file_path=r"")
    APP_ID =
    SECRET_KEY =
    file_path =                                    #语音文件名，如.wav
    api = RequestApi(appid=APP_ID, secret_key=SECRET_KEY, upload_file_path=file_path)
    api.all_api_request()
```

图5-23 代码修改部分程序界面

运行结果如图5-24所示。

```
/prepare success:{'data': 'd5c768458090489393023fd1f2a03170', 'err_no': 0, 'failed': None, 'ok': 0}
/upload success:{'data': None, 'err_no': 0, 'failed': None, 'ok': 0}
upload slice 1 success
/merge success:{'data': None, 'err_no': 0, 'failed': None, 'ok': 0}
/getProgress success:{'data': '{"status":2,"desc":"音频合并完成"}', 'err_no': 0, 'failed': None, 'ok': 0}
The task d5c768458090489393023fd1f2a03170 is in processing, task status: {"status":2,"desc":"音频合并完成"}
/getProgress success:{'data': '{"status":9,"desc":"转写结果上传完成"}', 'err_no': 0, 'failed': None, 'ok': 0}
task d5c768458090489393023fd1f2a03170 finished
/getResult success:{'data': '[{"bg":"0","ed":"1120","onebest":"焚书","speaker":"0"},{"bg":"1120","ed":"2570","onebest":"是那个地方的人，","speaker":"0"},{"bg":"2860","ed":"3760","onebes

Process finished with exit code 0
```

图5-24 运行结果界面

5.3.3 用科大讯飞实现离线语音识别

语音听写，是基于自然语言处理，将自然语言音频转换为文本输出的技术。语音听写技术与语法识别技术的不同在于语音听写不需要基于某个具体的语法文件，其识别范围是整个语种内的词条。

① 首先，打开控制台，找到离线语音听写，然后在右侧选择下载SDK（如图5-25所示）。

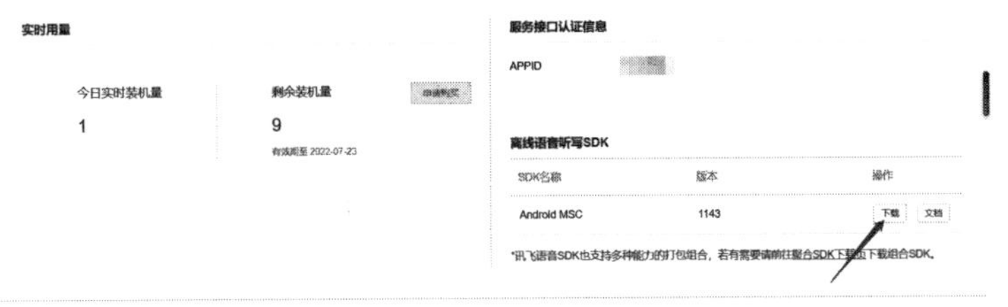

图 5-25　SDK 下载页面

② 将下载的压缩文件解压，在解压出的 sample 文件夹中有可用的 demo 文件。另外需要注意的是，在使用 demo 测试时，需将 res 中除 layout 外的资源拷贝到 demo 中 assets 相应的路径下（如图 5-26 所示）。

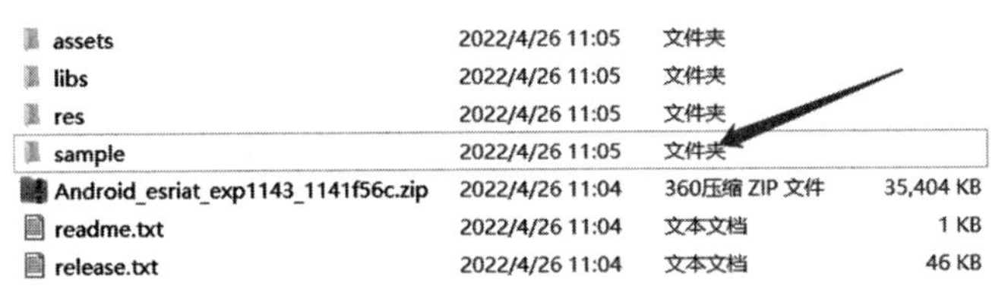

图 5-26　文件路径界面

③ 安装 Android Studio 集成开发工具，具体下载安装方法见本章 5.4 节应用实例—智能车的语音控制。打开 Android Studio，在菜单栏 File → new → import project（如图 5-27 所示）解压 sdk 路径，使用离线服务能力选择导入 mscV5PlusDemo，如图 5-28 所示。

④ 导入成功之后使用 sync 编译一下，编译无误后可连接手机，开启手机 USB 开发调试模式，直接在 Android Studio 运行导入的 mscV5PlusDemo，最后生成的 APK 可直接安装在对应的手机上，如图 5-29 所示。

如果编译时出现“ERROR: Plugin with id 'com.android.application' not found.”错误，可在 build.gradle 文件中添加以下代码：

```
  buildscript {
repositories {
    google()
    jcenter() }
dependencies {
     //版本号请根据自己的 gradle 插件版本号自行更改
    classpath 'com.android.tools.build:gradle:3.4.0'
    // NOTE: Do not place your application dependencies here; they belong
      // in the individual module build.gradle files
}}
```

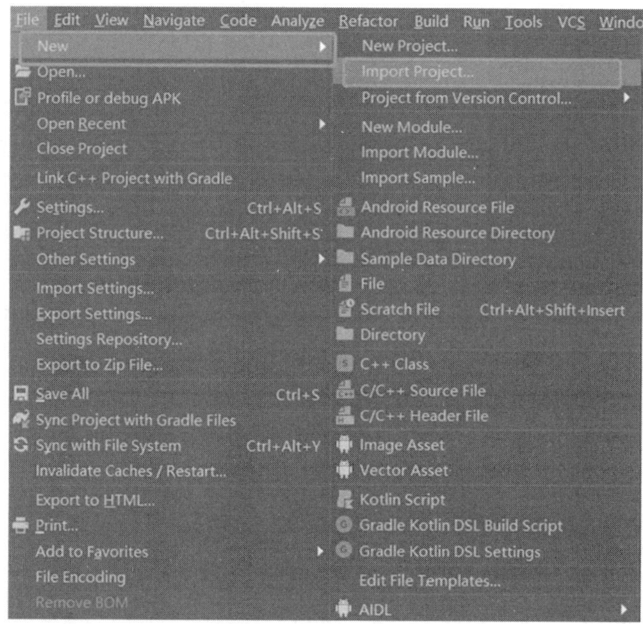

图 5-27　导入示例文件界面（1）

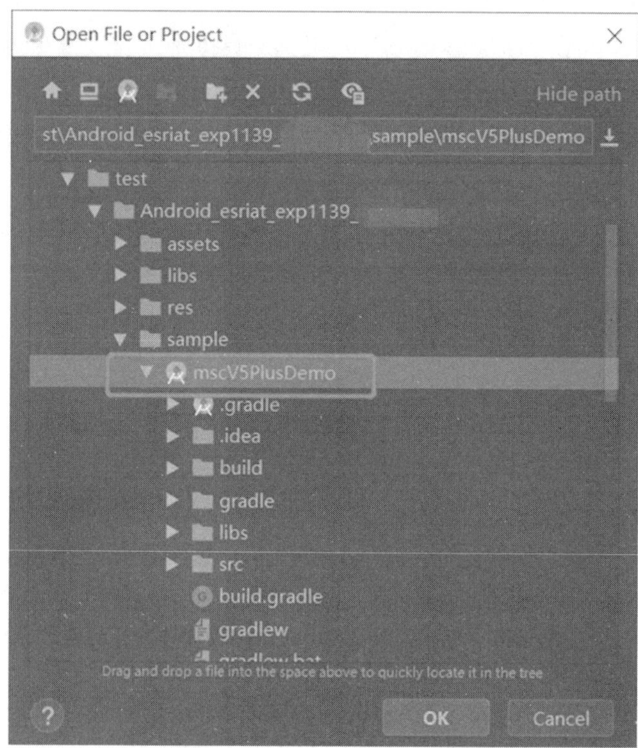

图 5-28　导入示例文件界面（2）

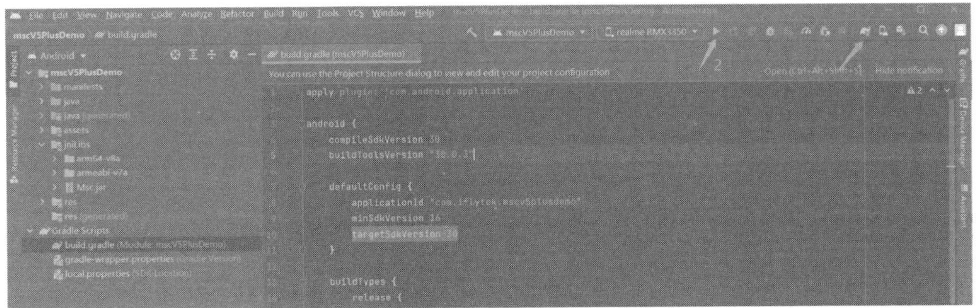

图 5-29　编译界面

⑤ 程序运行之后我们便可以在手机中安装已经生成的 APK（如图 5-30 所示），选择语音识别。

⑥ 选择本地并且点击“开始”，即可实现离线本地语音识别，识别结果会显示在面板上。例如此处输入的语音字段是语音识别，停止输入后结果很快便识别在了页面上（如图 5-31 所示）。需要注意的是目前离线语音识别只支持中文普通话，并且音频长度要求小于 20s，采样率为 16kHz，采样精度为 16bit，声道仅为单声道，音频文件的录制和格式确认推荐使用 Cool Edit Pro 工具。而且目前只支持 Android 平台，不支持其他平台。

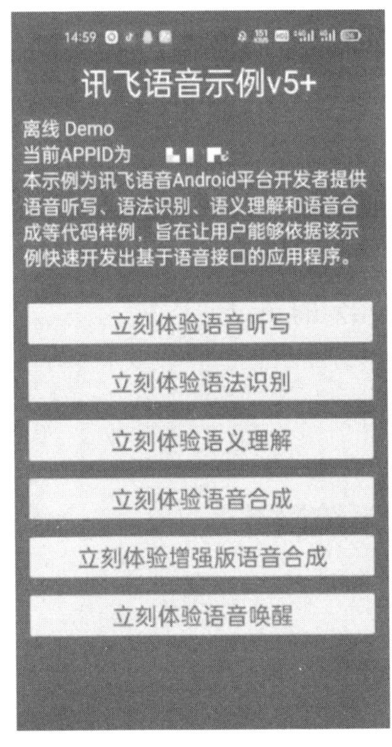

图 5-30　讯飞语音示例

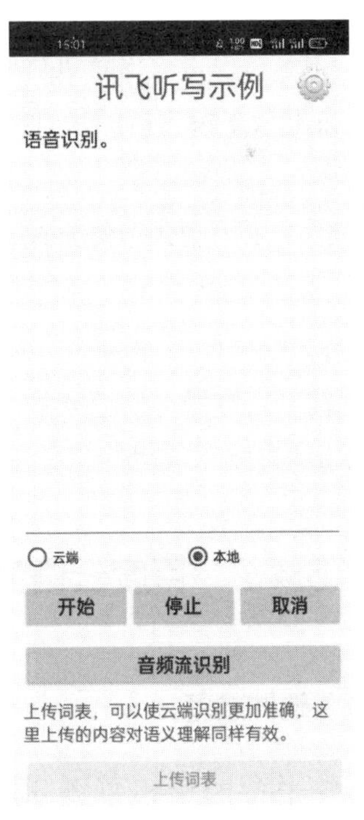

图 5-31　识别结果

5.4 基于百度智能云的语音识别

5.4.1 基于百度云平台的语音识别方案

百度语音识别云服务是通过 REST API 的方式给用户提供一个 HTTP 接口，通过此接口上传语音数据获取识别结果。

百度云语音识别基本流程如图 5-32 所示。

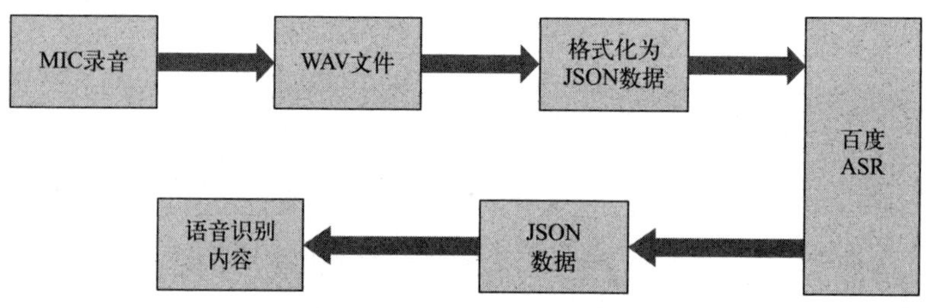

图 5-32 百度云语音识别流程图

① 用录音设备对语音进行采集和音频编码时，要压缩成一定格式的 WAV 文件。百度云平台支持的录音格式为：采样率 16kHz、8kHz，16bit 位深，单声道语音。

② 需要采用隐式上传方式，将语音数据进行 Base64 编码，然后格式化为标准的 JSON 格式数据，等待上传。

③ 将处理好的音频数据 POST 至百度给定的 url 接口。

④ 接受百度服务器返回的 JSON 文本。

⑤ 解析 JSON 数据，得到语音识别内容。

5.4.2 百度云语音识别的系统设计

（1）硬件准备

硬件平台采用树莓派 3B+，安装系统为 Debian 9。使用 ReSpeaker 2-Mic Pi HAT 双麦克风阵列收放声音（需配置驱动环境）。

（2）录音文件获取

采用开源录音软件 arecord 进行录音，arecord 是命令行 ALSA 声卡驱动的录音程序，支持多个声卡及多种文件格式。

（3）系统软件设计

完成录音之后将音频文件编码上传，需要用到两个库文件 libcurl 和 jsoncpp 库。首先安装交叉编译器 arm-linux-gnueabihf -g++，版本为 5.2.1，然后下载 jsoncpp 和 libcurl 的源码包。

Jsoncpp 是 JSON 数据格式的编码和解码器，提供有 writer 和 reader 进行编码和解码。Libcurl 提供大量库函数用于与服务器的通信。编写程序 POST 一段 wav 格式的语音数据到百度云服务器进行语音识别，首先需要读取录音文件内容，然后获取访问令牌 Access Token，进行 Base64 编码然后格式化为标准 JSON 数据进行隐式上传，接收服务器返回的 JSON 数据，进行解析，获取语音识别的内容。其程序如图 5-33 所示。

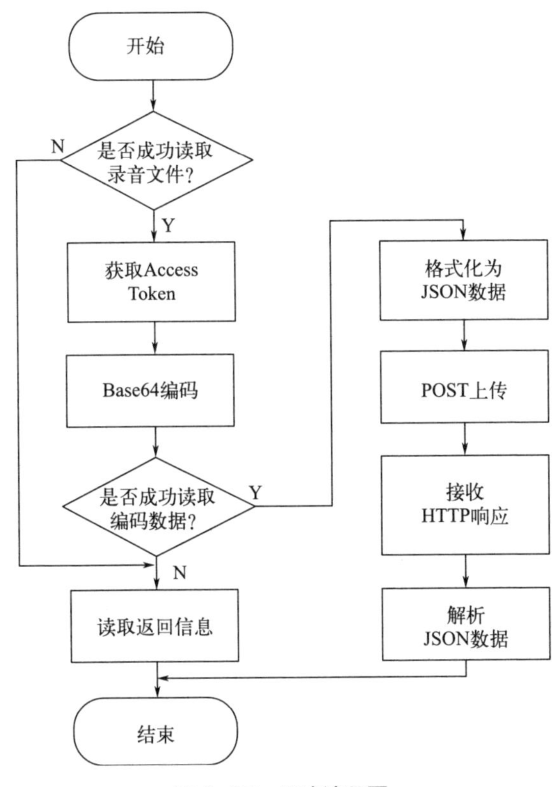

图 5-33　程序流程图

5.4.3 百度云语音识别算法调用

(1) DuerOS 简介

DuerOS 智能设备开放平台，英文全称 DuerOS Intelligent Devices Platform，是 DuerOS 为企业级用户提供解决方案的开放平台。当前，平台为用户提供：智能音箱、智能 TV、智能冰箱、语音助手、智慧芯片等解决方案。企业用户可以在完成开发者认证后，通过平台来申请获取 DCS SDK、芯片模组、麦克风阵列等 devkit 能力。

(2) 烧写安装 DuerOS 镜像 img 文件

① 在百度官网上下载合适树莓派版本的固件，然后解压。

② 通过 Windows 系统写入到树莓派的 SD 卡中。

③ 配置网络地址和 IP 信息。

④ 使用“小度小度”唤醒测试。

(3) 安装环境支持包

因为 Python 默认安装后是不支持 DuerOS 的，所以需要安装相关配套的资源包。这里需要给 Python 安装 OpenSSL 开放的安全连接协议、HTTP2 服务，以及 ALPN 等相关资源。具体安装命令为：

```
sudo apt-get install python-dateutil
sudo apt-get remove openssl libssl-dev 卸载原来老版本的 SSL 服务
sudo apt-get install openssl 安装最新版本的 SSL 服务
sudo apt-get install libssl-dev 或安装最新的开发部 SSL 服务
sudo apt-get install libpcre3 libpcre3-dev 安装相关支持包
sudo apt-get install gir1.2-gstreamer-1.0 安装 gir 服务
sudo apt-get install python-pyaudio 安装 python 的声音支持服务
sudo apt-get install python-dev 安装 python 的 dev 套件
sudo pip install tornado 安装树莓派 tornado 服务
sudo pip install hyper
sudo apt-get install http2
```

设置服务和下载 Python SDK 测试。

在树莓派上完成 DuerOS 的 SDK 环境的安装后，通过如下命令开启相关服务。

```
sudo systemctl restart duer
sudo systemctl disable duer
sudo systemctl starte duer
sudo systemctl stop duer
```

然后去下载 OpenSSL 协议安装包和 Python 接口安装包进行编译安装。安装命令如下：

① 解压刚才下载的压缩包到 /usr 目录，如果没有这个目录，则手工创建 mkdir /usr。

② 解压到此目录 tar -zxvf openssl1.1.tar.gz -C /usr。

③ 把 Python 的压缩包解压到 /user/local 目录下，命令为

tar -zxvf python2.7.14.tar.gz -C /usr/local/ 即可解压。

④ 给予目录全部执行权限 chmod 777 /user 方便有权限执行。

⑤ 创建定制版本的 Python 连接到系统环境下，命令如下：

sudo rm -rf /usr/bin/python——删除原来 Python

sudo ln -s /usr/local/python2.7.14/bin/python /usr/bin/python——创建新的连接。

（4）范例和测试

完成上面运行环境的配置后，我们去 github 上下载一个范例，来测试下安装是否正确。安装命令如下：

克隆到本地 git clone https://github.com/MyDuerOS/DuerOS-Python-Client.git；

进入刚才下载的目录 cd DuerOS-Python-Client.git checkout raspberry-dev；

最后运行刚才下载的范例 python 程序 ./auth.py（这里需要调用百度开发者中心的账号验证，只需要去申请一个账号即可）；

唤醒设备并识别 /home/ wakeup_trigger_start.sh；

出发识别服务 /home/ enter_trigger_start.sh 。

5.4.4 云语音算法模型的训练

百度利用深层卷积神经网络技术（Deep CNN）与基于 LSTM 和 CTC 的

端到端语音识别技术相结合，取得了重大突破，显著提升了语音识别产品的性能。相比工业界现有的CLDNN结构（CNN+5LSTM+DNN）的语音识别技术，该技术降低了错误率约10%。这项技术借鉴了图像识别的成果，并利用了语音与图像在使用CNN模型进行训练方面的共性，是端到端语音识别技术革新之后的新突破。

语音识别建模涉及对语音信号和文字内容之间的关系建模。通常情况下，语音识别是基于经过时频分析的语音谱来完成的，其中语音谱具有结构特点。要提高语音识别率，就需要解决语音信号所面临的多样性问题，包括说话人的多样性（自身和不同说话人之间）以及环境的多样性等。卷积神经网络具有局部连接和权重共享的特点，使得它具有良好的平移不变性。将卷积神经网络的思想应用于语音识别的声学建模中，可以利用卷积的不变性来应对语音信号的多样性。从这个角度来看，可以将从整个语音信号分析得到的时频谱视为一张图像，并使用广泛应用于图像处理的深层卷积网络来进行识别。

5.4.5 云语音应用

随着科技的迅猛发展，语音识别技术已经广泛应用于家电、汽车电子、移动通信等领域。语音识别，也称为自动语音识别（ASR），使计算机能够理解和转录自然语言。由于嵌入式设备的计算速度和存储能力有限，因此在这些设备上应用语音识别技术存在一定的困难。但通过采用云语音识别，可以提高嵌入式设备的工作效率，使语音识别技术的应用更加可行。云语音识别将复杂的语音识别和存储任务放在云端服务器上处理，降低了嵌入式设备的开发成本，开发者能够更专注于应用需求，缩短了应用开发周期。云语音识别的基本流程如图5-34所示。通过云语音识别，用户可以实现高效、准确的语音识别，并获得更好的用户体验。

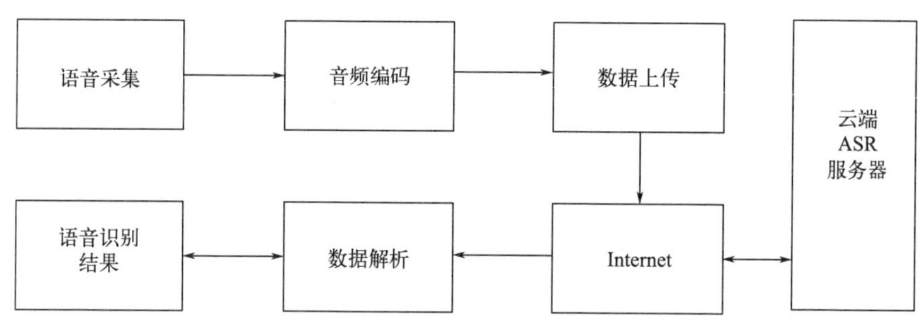

图5-34　云语音识别的基本流程

下面来用实例展现一下百度语音调用的过程。

① 首先我们需要登录百度智能云平台，注册账号以及创建应用，成功后如图 5-35 所示。

应用列表

+ 创建应用

	应用名称	AppID	API Key	Secret Key	创建时间	操作
1	识别应用	26042035	OyPw9QB0f2T1vK3e98Wwc0VW	******* 显示	2022-04-24 09:39:57	报表 管理 删除

图 5-35　应用创建界面

② 完成个人认证后领取免费资源，领取成功后就可以看到如图 5-36 所示的界面。

语音识别　语音合成　呼叫中心语音　　领取免费资源　资源列表

短语音识别

API	状态	调用量限制	并发限制	开通付费 ?	购买次数包 ?	购买并发叠加包 ?	模型训练优化
中文普通话	待开通付费	总量15万次赠送（已用6次）	5	开通付费	购买	购买 | 配额详情	立即训练
英语	待开通付费	总量3万次赠送（已用0次）	3	开通付费	购买	购买 | 配额详情	--
粤语	待开通付费	总量3万次赠送（已用0次）	3	开通付费	购买	购买 | 配额详情	--
四川话	待开通付费	总量3万次赠送（已用0次）	3	开通付费	购买	购买 | 配额详情	--

图 5-36　资源领取界面

③ 这里以音频转写为例，下载音频转写所需 Demo。在下载的示例程序中有两个程序，一个是创建音频转写任务的程序，另一个是查询音频转写结果的程序。

④ 上传音频文件并生成 url。以 JSON 方式上传音频，在 Body 中放置请求参数，语音数据和其他参数通过标准 JSON 格式串行化 POST 上传，包括的参数如图 5-37 所示。

在这里推荐使用百度的对象存储 BOS，也是一样进入到百度的对象存储功能板块中，领取免费的资源，然后在控制台“创建 Bucket”（如图 5-38 所示），创建好之后就可以在右侧选择要上传的音频文件了。上传音频文件界面如图 5-39 所示。

选中需要识别的音频文件，点击上方的“导出文件 url”，这时会下载一个 excel 表格，表格中就是我们所需要的 url。

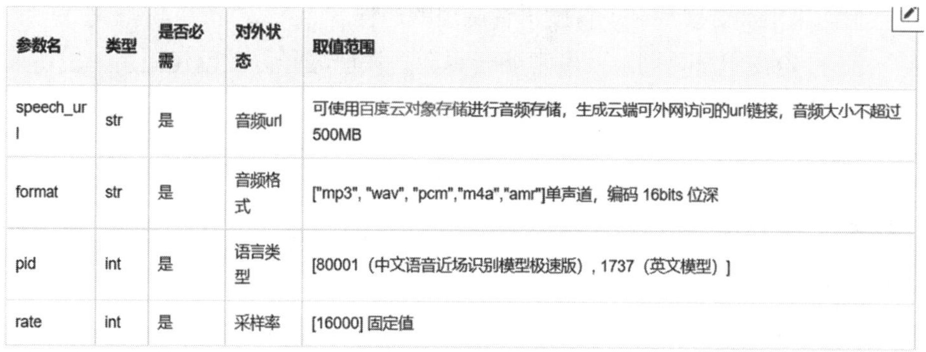

参数名	类型	是否必需	对外状态	取值范围
speech_url	str	是	音频url	可使用百度云对象存储进行音频存储，生成云端可外网访问的url链接，音频大小不超过500MB
format	str	是	音频格式	["mp3", "wav", "pcm","m4a","amr"]单声道，编码 16bits 位深
pid	int	是	语言类型	[80001（中文语音近场识别模型极速版），1737（英文模型）]
rate	int	是	采样率	[16000] 固定值

图 5-37　参数说明

图 5-38　创建 bucket 界面

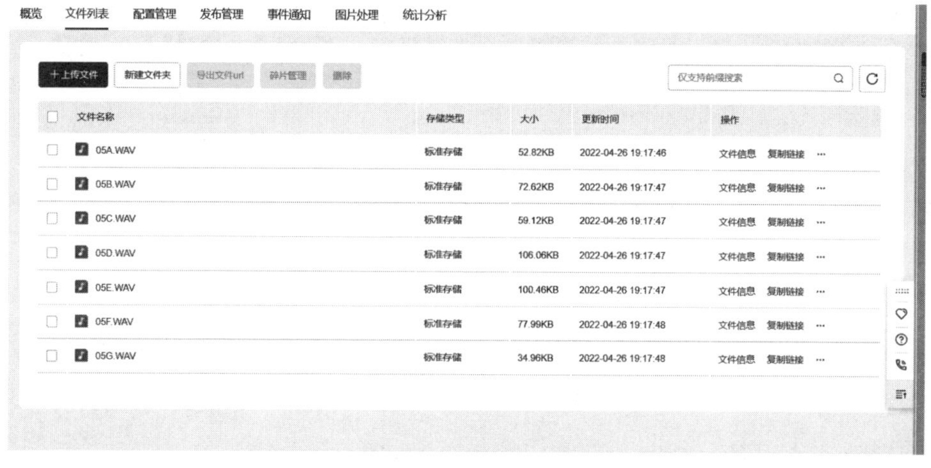

图 5-39　上传音频文件界面

⑤ 这时打开创建任务 creat_task 的 python 程序，需要填写百度控制台中相关开通了“音频文件转写”接口的应用的 API_KEY 及 SECRET_KEY，如图 5-40、图 5-41 所示。

填写待进行语音识别的音频文件 url 地址，如图 5-42 所示。

⑥ 运行程序，运行结果如图 5-43 所示。务必记住这里的 task_id，因为在后面的结果查询中需要用到这个 id。

⑦ 打开结果查询 query_result 程序，同样需要填写百度控制台中相关开通了“音频文件转写”接口的应用的 API_KEY 及 SECRET_KEY。

```
#填写百度控制台中相关开通了"音频文件转写"接口的应用的的API_KEY及SECRET_KEY
API_KEY =
SECRET_KEY =
```

图 5-40　API_KEY 及 SECRET_KEY 程序填写界面

编辑　查看文档　下载SDK　查看教学视频

应用名称	AppID	API Key	Secret Key	HTTP SDK
识别应用				语音技术 无 ?

API列表:

图 5-41　API Key 及 Secret Key 界面

```
#待进行语音识别的音频文件url地址，需要可公开访问。建议使用百度云对象存储<https://cloud.baidu.com/product/bos.html>
speech_url_list = ["https://pan.baidu.com/s/14b8AvLiVWrGTIg6-Q6bSeg ]
```

图 5-42　文件 url 地址填写页面

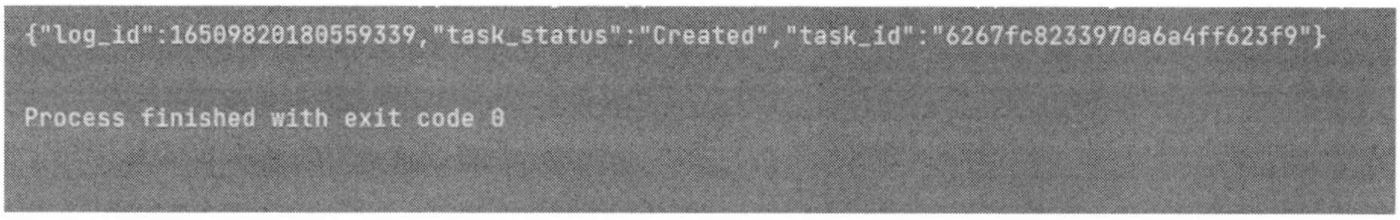

```
{"log_id":16509820180559339,"task_status":"Created","task_id":"6267fc8233970a6a4ff623f9"}

Process finished with exit code 0
```

图 5-43　程序运行结果界面

⑧ 填写在创建任务程序中生成的 task_id，如图 5-44 所示。

```
#转写任务id列表，task_id是通过创建音频转写任务时获取到的，每个音频任务对应的值
task_id_list = [
    "6267da8f33970a6a4ff61d2a",
    ]
```

图 5-44　任务 id 填写界面

⑨ 运行结果如图 5-45 所示。

```
{"Log_ id": 16510610812118252,  "tasks_ info": [{"task_ status": "Success", "task_ result":
                                {"result": ["小车倾向右方并沿双实线行驶。"], "audio_ duration": 14480,
```

图 5-45　程序运行结果

5.5 应用实例——智能车的语音控制

5.5.1 语音识别应用框架系统分析

树莓派智能车语音控制系统主要实现了通过手机客户端对树莓派智能车进行语音控制的功能。通过特定语音命令，用户可以控制小车的前进、后退、左转、右转和停车等操作，并在小车行驶过程中使用声控来改变其运动状态，实现超声波自动避障功能。系统的性能要求主要集中在对语音命令的响应时间上，即用户通过手机客户端发送语音命令后，系统需要解析并传递给小车，并最终使小车做出响应。系统的响应时间应尽可能短，暂定为1.5s。此外，树莓派智能车只对特定的命令做出响应，对于其他错误或无效的命令，小车将停止运动，以确保小车不会因接收到错误命令而进入危险环境。树莓派智能车语音控制系统的顶层数据流图和第一层数据流图如图5-46、图5-47所示。通过这个系统，用户可以方便地通过语音控制树莓派智能车，实现智能车的自动化运行。

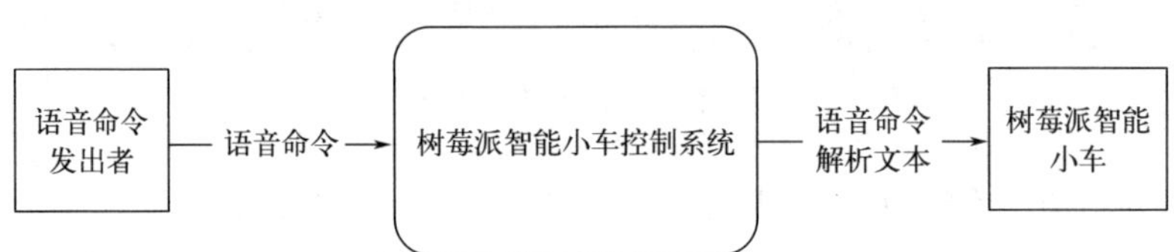

图5-46 树莓派智能车语音控制系统的顶层数据流图

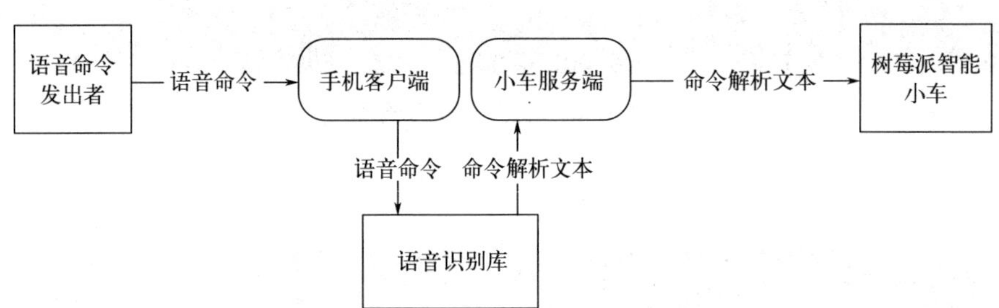

图5-47 树莓派智能车语音控制系统的第一层数据流图

5.5.2　手机客户端功能及模块化分

手机客户端所要实现的功能有：语音录入、语音识别和将语音识别得到的文本命令传递到小车服务端。而手机客户端程序将其划分为三个模块来实现，分别为手机客户端 APP 界面模块、语音识别模块和手机客服端与树莓派智能车服务端的通信模块。

（1）手机客户端 APP 界面模块

手机客户端 APP 界面模块实现 APP 的界面设计，它是三个模块中最容易实现的模块，它的要求是尽量做到简洁易用，语音录入功能就是在界面设计模块实现的。因为语音录入需要开启手机的麦克风，而开启麦克风的按钮是在界面设计模块实现的。

（2）手机客服端与树莓派智能车服务端的通信模块

手机客服端与树莓派智能车服务端的通信模块是这三个模块中最为复杂的模块：首先手机通过 WiFi 连接树莓派智能车，然后利用 TCP/IP 传输协议的 Socket 套接字实现通信。

（3）语音识别模块

语音识别模块用来实现将录入的语音转换成文字，通过调用百度语音的 API 来实现。而手机端语音识别通过调用百度提供给开发商的在线 SDK 来进行，SDK 是以 JAR 包和动态链接库形式发布和使用的，如图 5-48 所示。而需要声明的手机权限、调用百度语音返回的结果以及手机必须声明的服务如图 5-49 ~ 图 5-51 所示。

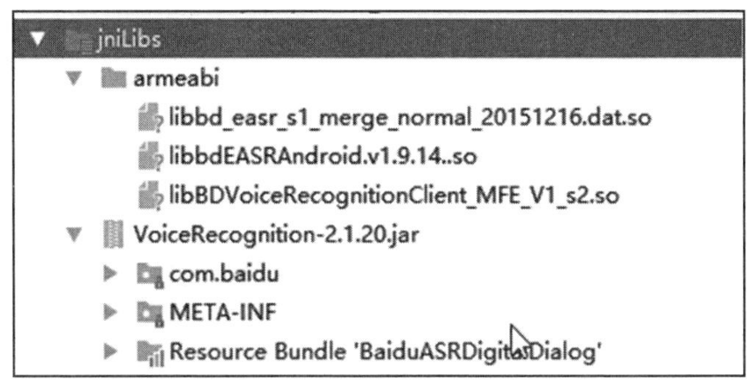

图 5-48　SDK 具体的导入方式

```
<uses-permission android:name="android.permission.RECORD_AUDIO" />
<uses-permission android:name="android.permission.ACCESS_NETWORK_STATE" />
<uses-permission android:name="android.permission.ACCESS_WIFI_STATE" />
<uses-permission android:name="android.permission.INTERNET" />
<uses-permission android:name="android.permission.READ_PHONE_STATE" />
```

图 5-49　声明的手机权限

```
@Override
public void onResults(Bundle results) {
    status = STATUS_None;
    ArrayList<String> result = results.getStringArrayList(SpeechRecognizer.RESULTS_RECOGNITION);
    mInterface.onResults(result.get(0));
}


@Override
public void onPartialResults(Bundle partialResults) {
    ArrayList<String> result = partialResults.getStringArrayList(SpeechRecognizer.RESULTS_RECOGNITION);
    if (result.size() > 0) {
        mInterface.onPartialResults(result.get(0));
    }
}
```

图 5-50　调用百度语音返回的结果

```
<meta-data
    android:name="com.baidu.speech.APP_ID"
    android:value="10016159" />
<meta-data
    android:name="com.baidu.speech.API_KEY"
    android:value="Y2biaMPQDfENQXxUAKxRBNfX" />
<meta-data
    android:name="com.baidu.speech.SECRET_KEY"
    android:value="w5Z5ZGhytt0PiMcX3kkn0lXfdhvkCB4k" />

<service
    android:name="com.baidu.speech.VoiceRecognitionService"
    android:exported="false" />
```

图 5-51　手机必须声明的服务

5.5.3　树莓派智能车服务端功能及模块划分

树莓派智能车服务端要实现的主要功能是接收手机客户端传过来的文本命令，并对命令做出正确的响应。

智能车服务端的功能分两个模块实现，分别为与手机客户端的通信模块和小车运动模块。这两个模块都是比较容易实现的，小车端的通信模块为TCP传输协议的客户端。小车的运动模块主要是通过小车中已经存在的中间件调用小车的4个直流减速电机来实现小车的前进、后退、左转、右转、停止等功能。小车的自动避障功能通过调用小车的超声波传感器来实现。

5.5.4 TCP 传输协议

TCP(transmission control protocol) 传输协议即传输控制协议，是一种面向连接的、可靠的、基于字节流的传输层通信协议。TCP协议的运行可划分为三个阶段：连接创建 (connection establishment)、数据传送（data transfer）和连接终止（connection termination）。操作系统将TCP连接抽象为套接字表示的本地端点，作为编程接口给程序使用。在TCP连接的生命期内，本地端点要经历一系列的状态改变。

（1）创建通路

TCP用三次握手过程创建一个连接。在连接创建过程中，很多参数要被初始化，通常是由一端打开一个套接字（socket），然后监听来自另一方的连接，这就是通常所指的被动打开。服务器端被被动打开以后，用户端就能开始创建主动打开。客户端通过向服务器端发送一个SYN来创建一个主动打开，作为三路握手的一部分。客户端把这段连接的序号设定为随机数A。服务器端应当为一个合法的SYN回送一个SYN/ACK。ACK的确认码应为A+1，SYN/ACK包本身又有一个随机产生的序号B。最后，客户端再发送一个ACK。当服务端收到这个ACK的时候，就完成了三次握手，并进入了连接创建状态。此时包的序号被设定为收到的确认号A+1，而响应号则为B+1。如果服务器端接到了客户端发的SYN并回了SYN-ACK后，客户端掉线了，服务器端没有收到客户端回来的ACK，那么，这个连接处于一个中间状态，既没成功，也没失败。于是，服务器端如果在一定时间内没有收到返回的ACK，TCP会重发SYN-ACK。在Linux下，默认重试次数为5次，重试的间隔时间从1s开始每次都翻倍，5次的重试时间间隔为1s、2s、4s、8s、16s，总共31s，第5次发出后还要等32s才知道第5次也超时了，所以，总共需要1s + 2s + 4s+ 8s+ 16s + 32s = 63s，TCP才会断开这个连接。TCP 3次握手的原理图见图5-52。

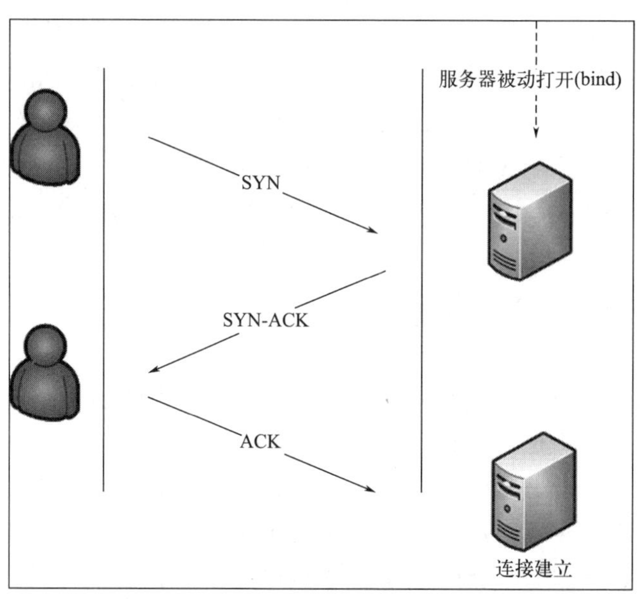

图 5-52 TCP 3 次握手原理图

（2）数据传输

在 TCP 的数据传送状态，很多重要的机制保证了 TCP 的可靠性和强壮性。它们包括：使用序号对收到的 TCP 报文段进行排序以及检测重复的数据，使用校验和检测报文段的错误即无错传输，使用确认和计时器来检测和纠正丢包或延时，流控制（flow control），拥塞控制，丢失包的重传。

可靠传输编辑，通常在每个 TCP 报文段中都有一对序号和确认号。TCP 报文发送者称自己的字节流的编号为序号，称接收到对方的字节流编号为确认号。TCP 报文的接收者为了确保可靠性，在接收到一定数量的连续字节流后才发送确认。这是对 TCP 的一种扩展，被称为选择确认。选择确认使得 TCP 接收者可以对乱序到达的数据块进行确认。每一个字节传输过后，ISN 号都会递增 1。通过使用序号和确认号，TCP 层可以把收到的报文段中的字节按正确的顺序交付给应用层。序号是 32 位的无符号数，在它增大到 232-1 时，便会回绕到 0。ISN 的选择是 TCP 中的一个关键操作，它可以确保 TCP 的强壮性和安全性。TCP 协议使用序号标识每端发出的字节的顺序，从而另一端接收数据时可以重建顺序，无惧传输时的包的乱序交付或丢包。在发送第一个包（SYN 包）时，选择一个随机数作为序号的初值，以克制 TCP 序号预测攻击。发送确认包携带了接收到的对方发来的字节流的编号，称为确认号，以告诉对方已经成功接收的数据流的字节位置，ACK 并不意味着数据已经交付了上层应用程序。可靠性通过发送方检测到丢失的传输数据并重传这些数据。包括超时重传与重复累计确认。

基于重复累计确认的重传编辑意思是：如果一个包（不妨设它的序号是100，即该包始于第 100 字节）丢失，接收方就不能确认这个包及其以后的包，因为采用了累计 ACK。接收方在收到 100 以后的包时，发出对包含第 99 字节的包的确认，这种重复确认是包丢失的信号。发送方如果收到 3 次对同一个包的确认，就重传最后一个未被确认的包。阈值设为 3 被证实可以减少乱序包导致的无作用的重传现象。选择性确认 (SACK) 的使用能明确反馈哪个包收到了，极大改善了 TCP 重传必要的包的能力。

超时重传编辑是发送方使用一个保守估计的时间作为收到数据包确认的超时上限，如果超过这个上限仍未收到确认包，发送方将重传这个数据包。每当发送方收到确认包后，会重置这个重传定时器。这可对抗中间人攻击方式的拒绝服务攻击，这种攻击愚弄发送者，让发送者重传很多次，最终会导致接受者被压垮。

（3）连接终止

连接终止使用了 4 次握手，在这个过程中连接的每一侧都独立地被终止。当一个端点要停止它这一侧的连接，就向对侧发送 FIN，对侧回复 ACK 表示确认。因此，拆掉一侧的连接过程需要一对 FIN 和 ACK，分别由两侧端点发出，如图 5-53 所示。

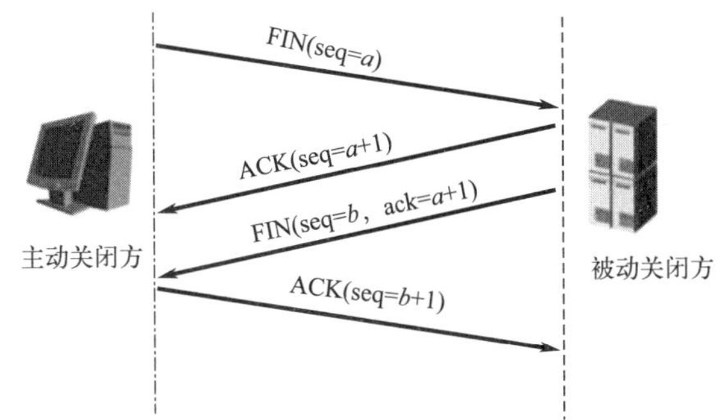

图 5-53　TCP 连接终止 4 次握手的原理图

5.5.5 语音识别应用开发环境的搭建

（1）手机客户端开发语言及开发工具简介

手机客户端程序使用 Java 语言在 Android Studio3.0.1 平台上编写完成。Java 是一种面向对象的高级编程语言，Java 语言和 C++ 编程语言十分相似，但 Java 语音和 C++ 相比，舍弃了 C++ 中极其重要的指针，而使用引用。Java 有很多优点，比如首先 Java 是面向对象的开发语言，符合人类解决问题的思维习惯。其次 Java 编写的程序能够在不同的计算机平台上执行，也就是具有跨平台的特性。Java 语言还有很多优点，但上诉这两个优点是 Java 语言最突出的优点。

Android Studio 是 Android 平台开发程序的集成开发环境，为众多 Android 平台开发人员带来了很多便利。

（2）JDK 开发环境的安装与配置

在安装 Android studio 之前，首先要先安装 JDK，JDK 是 Java 语言的软件开发工具包，主要用于移动设备、嵌入式设备上的 java 应用程序。JDK 是整个 java 开发的核心，它包含了 JAVA 的运行环境，JAVA 工具和 JAVA 基础的类库。Android studio 中 Java 程序的执行跟编译要靠 JDK 来执行。

① 首先，登录 Oracle 官网 JDK 下载区。

② 选择相应的 JDK 安装包进行下载，这里以 Java 8u172 为例，点击 JDK 下载。如图 5–54 所示。

③下载与操作系统相匹配相应的 JDK 安装包。如果不知道电脑的操作系统是多少位的，可以通过选择“我的电脑”—点击右键—选择属性进行查看。具体操作步骤为：首先，到 Java SE Development Kit 8u172 下载模块，同意用户协议；然后下载与电脑操作系统相应的安装包，64 位操作系统选择 Windows x64 版本，32 位操作系统选择 Windows x86 版本（如图 5–55 所示）。这里以 Windows x64 版本为例。

④ 点击下载完成的 exe 运行文件，如图 5–56 所示。

⑤ 按操作指示进行下一步，然后选择 JDK 所要安装的目录，截图如图 5–57 所示。

⑥ 然后单击“下一步”，一直到安装完成（如图 5–58 所示）。

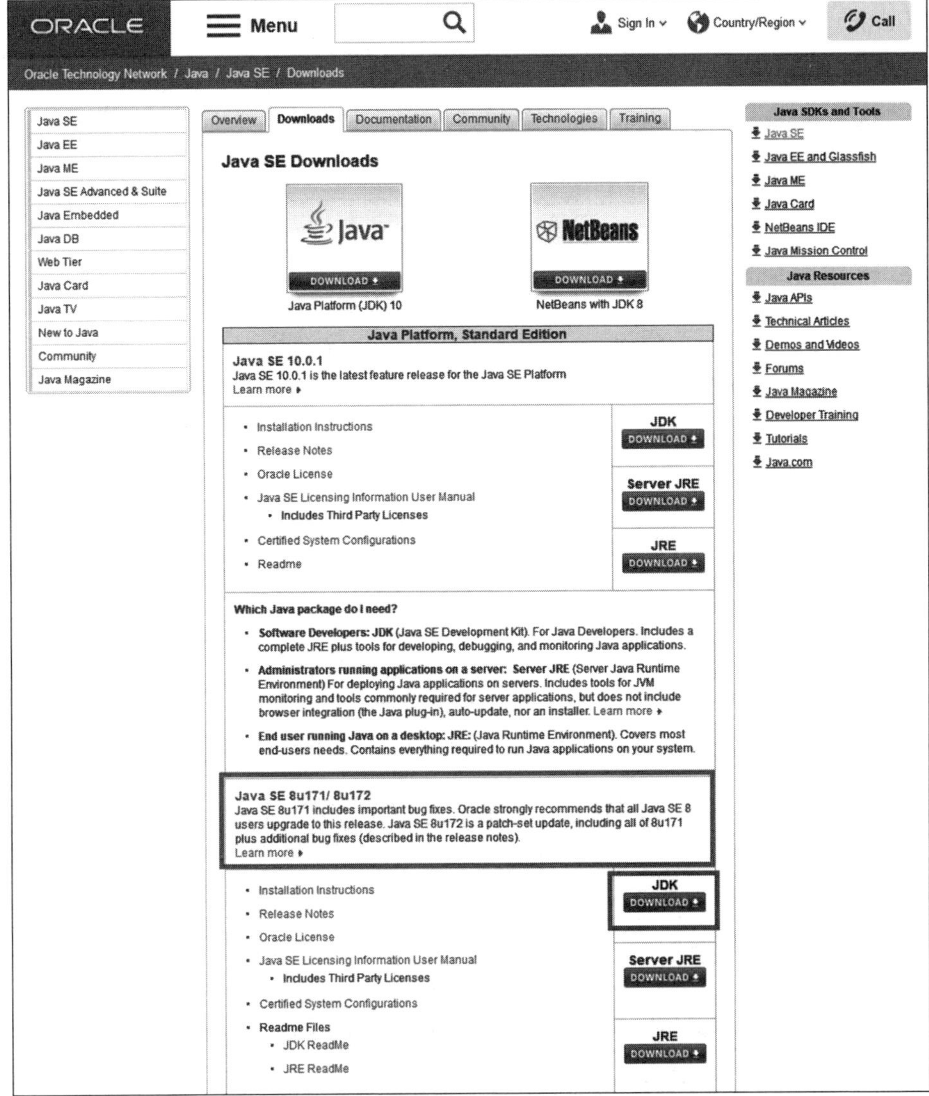

图5-54　Oracle官网JDK下载区

⑦ 现在可以来验证一下JDK是否安装成功：右键点击“开始”键，点击“运行”，键入cmd点击“确定”（如图5-59所示）。

⑧ 然后进入到命令行，输入java -version，若显示版本信息则说明安装和配置成功（如图5-60所示）。

⑨ 安装完JDK后，需要配置环境变量，依次执行计算机→属性→高级系统设置→环境变量→系统变量→新建，变量名填写JAVA_HOME，变

量值填写 JDK 的安装目录（文本示范地址是 C:\Program Files\Java\jdk1.8.0_172），然后点击“确定”（如图 5-61 所示）。

ORACLE　Menu　Sign In　Country/Region　Call

Oracle Technology Network / Java / Java SE / Downloads

Java SE
Java EE
Java ME
Java SE Advanced & Suite
Java Embedded
Java DB
Web Tier
Java Card
Java TV
New to Java
Community
Java Magazine

Overview | Downloads | Documentation | Community | Technologies | Training

Java SE Development Kit 8 Downloads

Thank you for downloading this release of the Java™ Platform, Standard Edition Development Kit (JDK™). The JDK is a development environment for building applications, applets, and components using the Java programming language.

The JDK includes tools useful for developing and testing programs written in the Java programming language and running on the Java platform.

See also:

- Java Developer Newsletter: From your Oracle account, select **Subscriptions**, expand **Technology**, and subscribe to **Java**.
- Java Developer Day hands-on workshops (free) and other events
- Java Magazine

JDK 8u171 checksum
JDK 8u172 checksum

Java SE Development Kit 8u171

You must accept the Oracle Binary Code License Agreement for Java SE to download this software.

Accept License Agreement　Decline License Agreement

Product / File Description	File Size	Download
Linux ARM 32 Hard Float ABI	77.97 MB	jdk-8u171-linux-arm32-vfp-hflt.tar.gz
Linux ARM 64 Hard Float ABI	74.89 MB	jdk-8u171-linux-arm64-vfp-hflt.tar.gz
Linux x86	170.05 MB	jdk-8u171-linux-i586.rpm
Linux x86	184.88 MB	jdk-8u171-linux-i586.tar.gz
Linux x64	167.14 MB	jdk-8u171-linux-x64.rpm
Linux x64	182.05 MB	jdk-8u171-linux-x64.tar.gz
Mac OS X x64	247.84 MB	jdk-8u171-macosx-x64.dmg
Solaris SPARC 64-bit (SVR4 package)	139.83 MB	jdk-8u171-solaris-sparcv9.tar.Z
Solaris SPARC 64-bit	99.19 MB	jdk-8u171-solaris-sparcv9.tar.gz
Solaris x64 (SVR4 package)	140.6 MB	jdk-8u171-solaris-x64.tar.Z
Solaris x64	97.05 MB	jdk-8u171-solaris-x64.tar.gz
Windows x86	199.1 MB	jdk-8u171-windows-i586.exe
Windows x64	207.27 MB	jdk-8u171-windows-x64.exe

Java SE Development Kit 8u172

You must accept the Oracle Binary Code License Agreement for Java SE to download this software.

Accept License Agreement　Decline License Agreement

Product / File Description	File Size	Download
Linux ARM 32 Hard Float ABI	77.99 MB	jdk-8u172-linux-arm32-vfp-hflt.tar.gz
Linux ARM 64 Hard Float ABI	74.9 MB	jdk-8u172-linux-arm64-vfp-hflt.tar.gz
Linux x86	170.07 MB	jdk-8u172-linux-i586.rpm
Linux x86	184.91 MB	jdk-8u172-linux-i586.tar.gz
Linux x64	167.15 MB	jdk-8u172-linux-x64.rpm
Linux x64	182.08 MB	jdk-8u172-linux-x64.tar.gz
Mac OS X x64	247.87 MB	jdk-8u172-macosx-x64.dmg
Solaris SPARC 64-bit (SVR4 package)	140.05 MB	jdk-8u172-solaris-sparcv9.tar.Z
Solaris SPARC 64-bit	99.35 MB	jdk-8u172-solaris-sparcv9.tar.gz
Solaris x64 (SVR4 package)	140.63 MB	jdk-8u172-solaris-x64.tar.Z
Solaris x64	97.06 MB	jdk-8u172-solaris-x64.tar.gz
Windows x86	199.11 MB	jdk-8u172-windows-i586.exe
Windows x64	207.3 MB	jdk-8u172-windows-x64.exe

Java SE Development Kit 8u171 Demos and Samples Downloads

You must accept the Oracle BSD License. to download this software.

Accept License Agreement　Decline License Agreement

Product / File Description	File Size	Download
Linux ARM 32 Hard Float ABI	9.95 MB	jdk-8u171-linux-arm32-vfp-hflt-demos.tar.gz
Linux ARM 64 Hard Float ABI	9.93 MB	jdk-8u171-linux-arm64-vfp-hflt-demos.tar.gz
Linux x86	52.7 MB	jdk-8u171-linux-i586-demos.rpm
Linux x86	52.55 MB	jdk-8u171-linux-i586-demos.tar.gz
Linux x64	52.76 MB	jdk-8u171-linux-x64-demos.rpm
Linux x64	52.61 MB	jdk-8u171-linux-x64-demos.tar.gz
Mac OS X	53.12 MB	jdk-8u171-macosx-x86_64-demos.zip
Solaris SPARC 64-bit	13.58 MB	jdk-8u171-solaris-sparcv9-demos.tar.Z
Solaris SPARC 64-bit	9.34 MB	jdk-8u171-solaris-sparcv9-demos.tar.gz
Solaris x64	13.6 MB	jdk-8u171-solaris-x64-demos.tar.Z
Solaris x64	9.29 MB	jdk-8u171-solaris-x64-demos.tar.gz
Windows x86	53.84 MB	jdk-8u171-windows-i586-demos.zip
Windows x64	53.86 MB	jdk-8u171-windows-x64-demos.zip

Java SDKs and Tools
Java SE
Java EE and Glassfish
Java ME
Java Card
NetBeans IDE
Java Mission Control

Java Resources
Java APIs
Technical Articles
Demos and Videos
Forums
Java Magazine
Developer Training
Tutorials
Java.com

图 5-55　JDK 安装版选择

jdk-8u172-windows-x64.exe　2018/6/1 20:00　应用程序　212,276 KB

图 5-56　下载的 JDK 文件

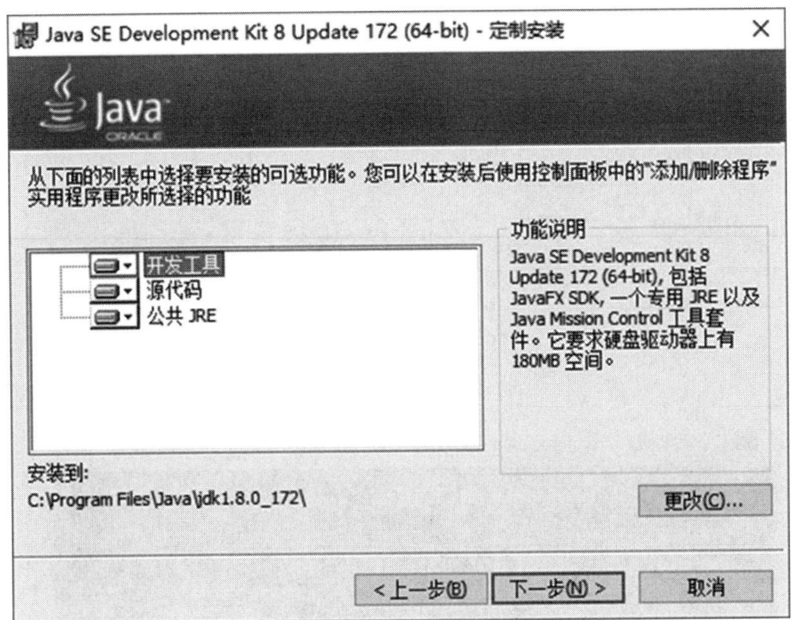

图 5-57　安装目录选择界面

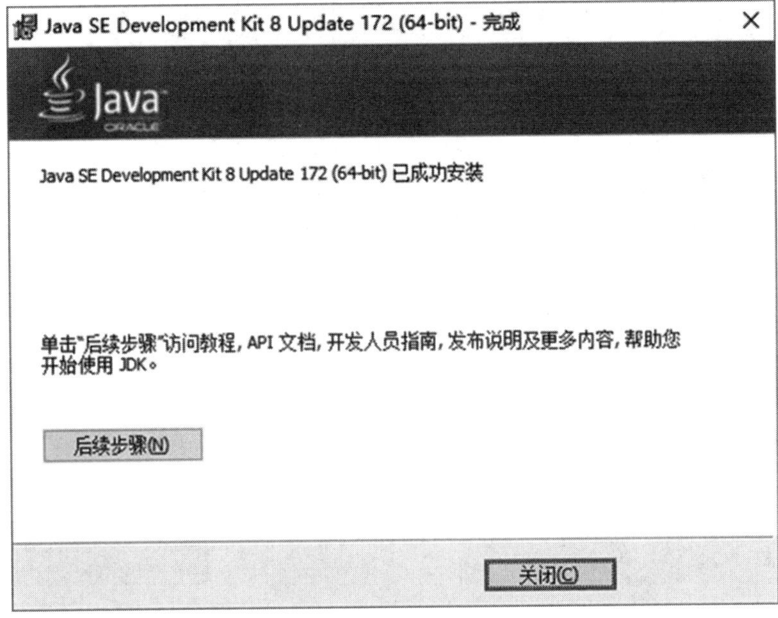

图 5-58　成功安装界面

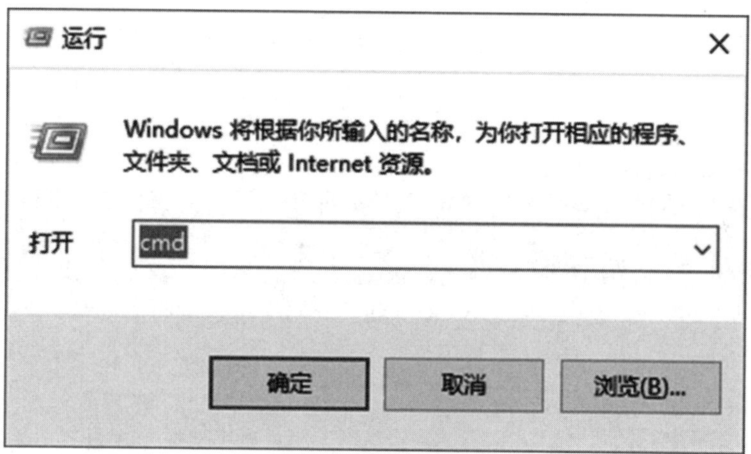

图 5-59　运行 cmd 界面

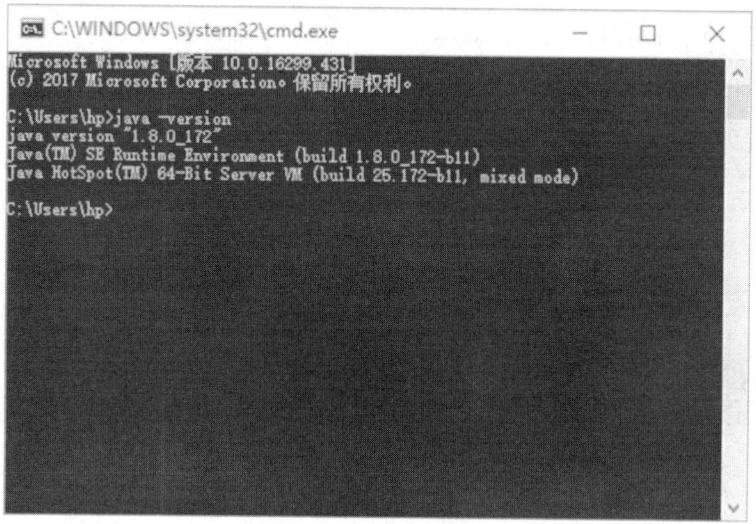

图 5-60　查看是否配置成功界面

新建系统变量
变量名(N): JAVA_HOME
变量值(V): C:\Program Files\Java\jdk1.8.0_172
浏览目录(D)...　浏览文件(F)...　确定　取消

图 5-61　配置环境变量界面

⑩ 然后点击“系统变量”→“Path”→“编辑”，在变量值最后输入%JAVA_HOME%\bin，然后点击“确定”（如图5-62所示）。

图5-62 “编辑环境变量”界面

⑪ 最后点击“系统变量”→“新建”，变量名为CLASSPATH，变量值为：.;%JAVA_HOME%\lib\dt.jar;%JAVA_HOME%\lib\tools.jar（注意最前面有一点）系统变量配置完毕（如图5-63所示）。

（3）Android Studio开发环境的安装与配置

① 首先需要根据自己电脑的操作系统下载相应的Android Studio安装包，

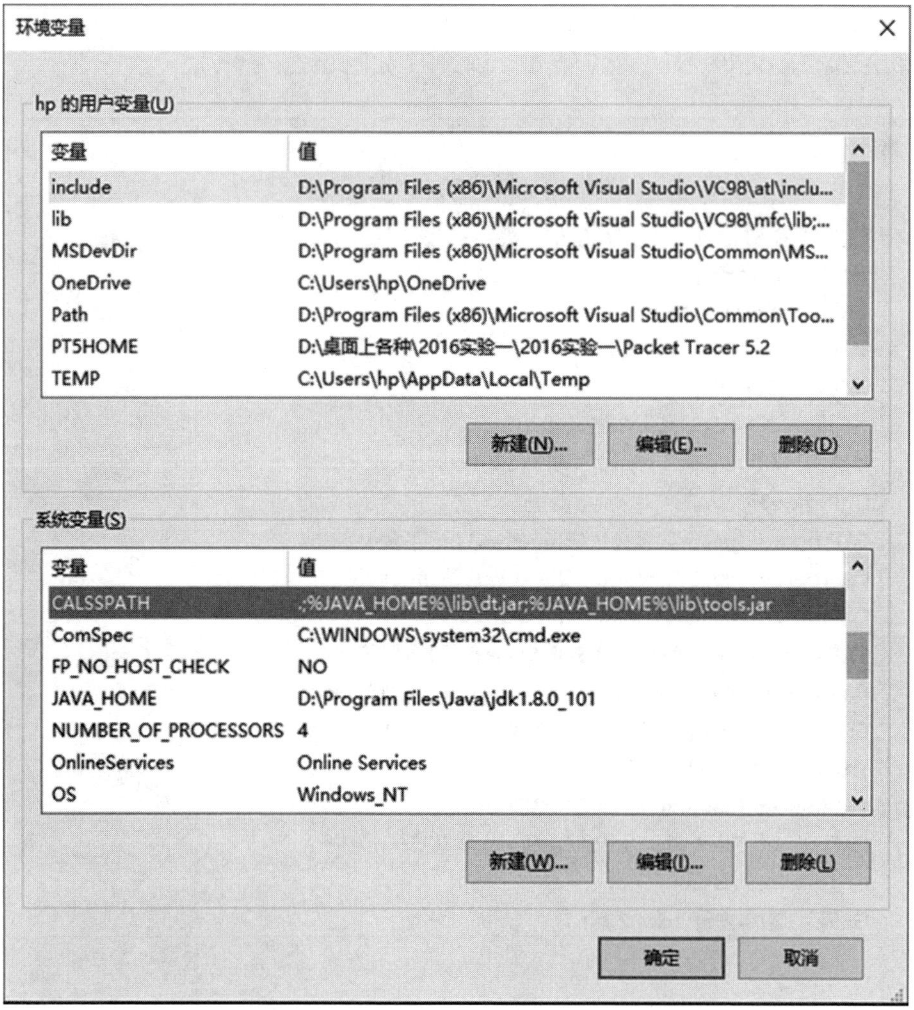

环境变量

hp 的用户变量(U)

变量	值
include	D:\Program Files (x86)\Microsoft Visual Studio\VC98\atl\inclu...
lib	D:\Program Files (x86)\Microsoft Visual Studio\VC98\mfc\lib;...
MSDevDir	D:\Program Files (x86)\Microsoft Visual Studio\Common\MS...
OneDrive	C:\Users\hp\OneDrive
Path	D:\Program Files (x86)\Microsoft Visual Studio\Common\Too...
PT5HOME	D:\桌面上各种\2016实验一\2016实验一\Packet Tracer 5.2
TEMP	C:\Users\hp\AppData\Local\Temp

新建(N)... 编辑(E)... 删除(D)

系统变量(S)

变量	值
CALSSPATH	.;%JAVA_HOME%\lib\dt.jar;%JAVA_HOME%\lib\tools.jar
ComSpec	C:\WINDOWS\system32\cmd.exe
FP_NO_HOST_CHECK	NO
JAVA_HOME	D:\Program Files\Java\jdk1.8.0_101
NUMBER_OF_PROCESSORS	4
OnlineServices	Online Services
OS	Windows_NT

新建(W)... 编辑(I)... 删除(L)

确定 取消

图 5-63　系统变量界面

这里采用 3.0 版本进行演示（见图 5-64），对应安装包为 android-studio-ide-171.4408382-windows.exe，安装包大小 681 MB，安装包不带 SDK（软件工具包）。

② 下载好该安装包之后，点击进行安装，依次出现以下界面（见图 5-65）。

③ Android studio 程序安装完毕，还需要继续对其进行配置；勾选 Start Android Studio，然后点击“Finish”启动 AS，如图 5-66 所示。

选择图 5-66（b）中第二项，然后点击“OK”，出现下面的启动界面（见图 5-67）。

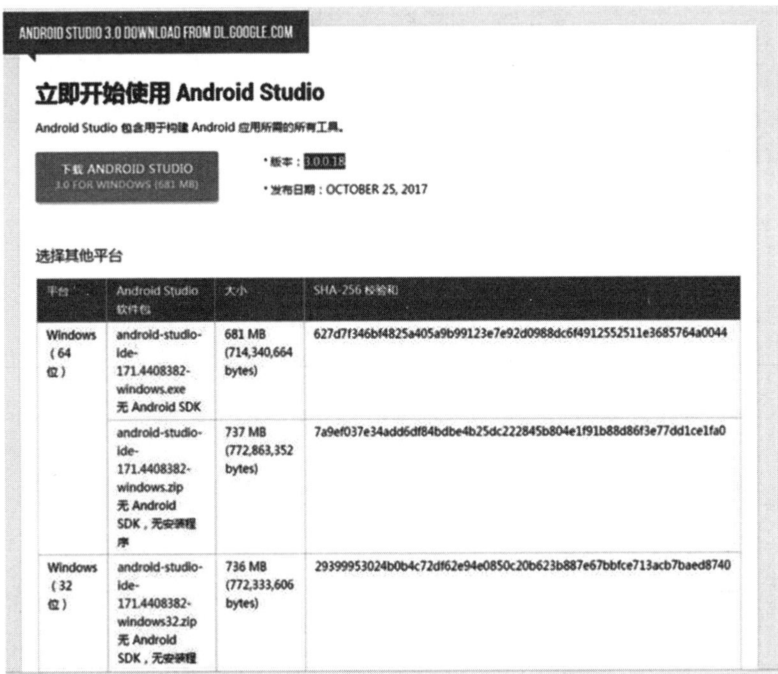

图 5-64　Android Studio 安装包下载界面

(a) 进入界面

图 5-65

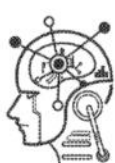

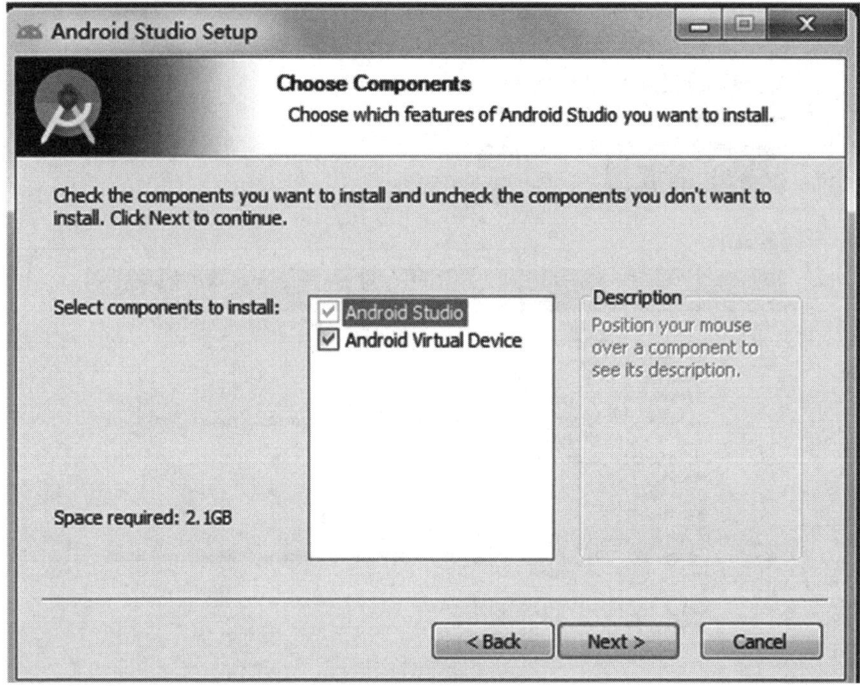

(b) 选择组件

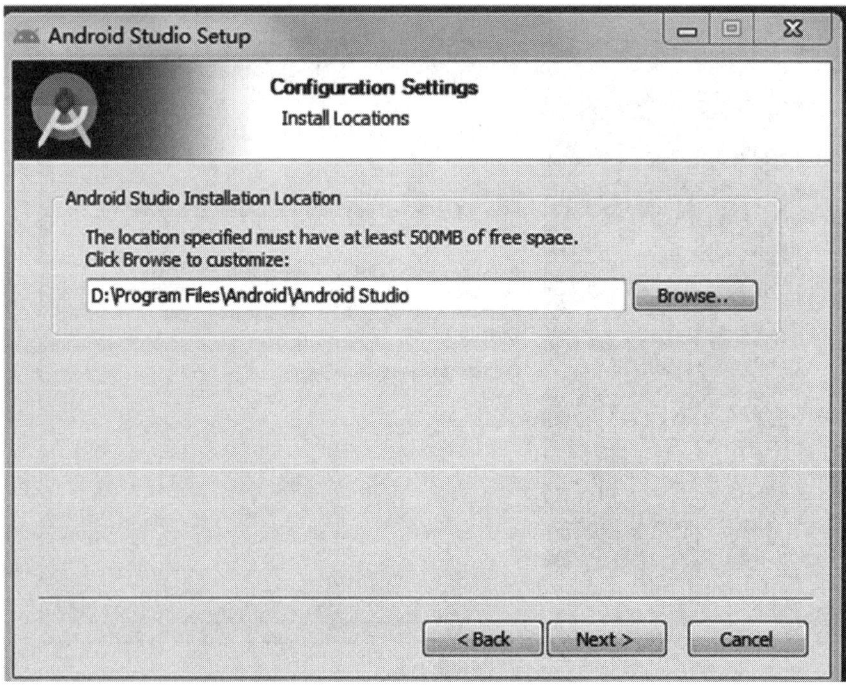

(c) 安装路径选择界面

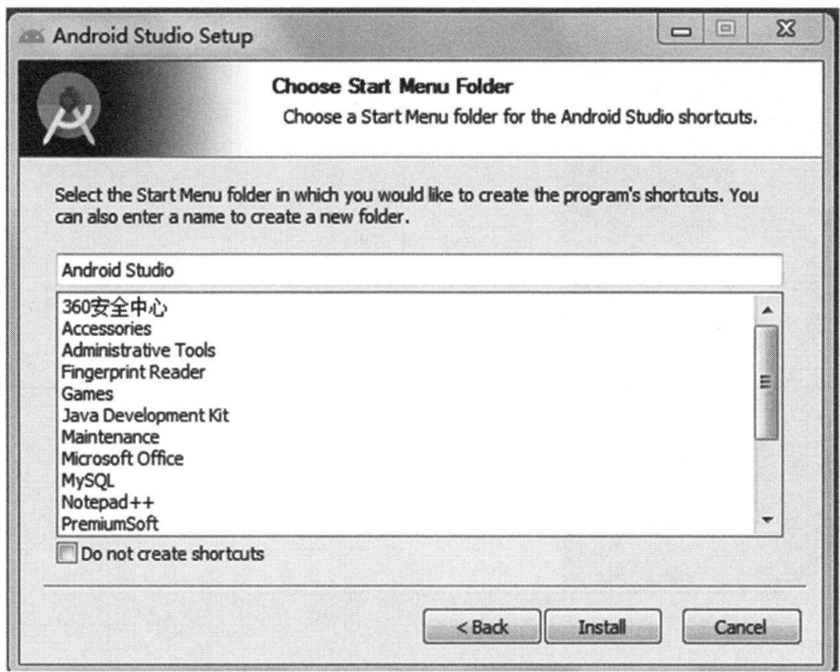

(d) 选择“开始”菜单文件夹

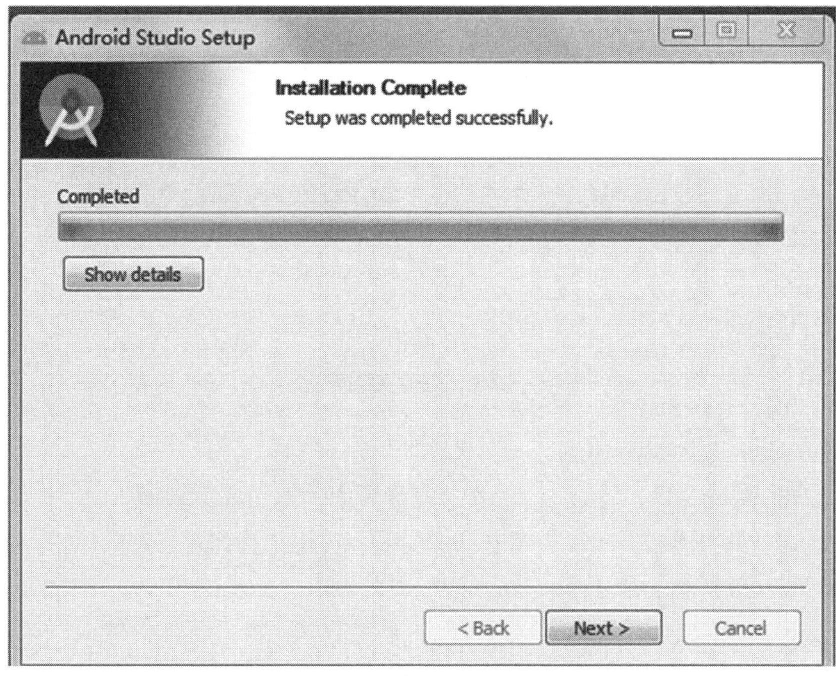

(e) 安装完成

图 5-65　Android Studio 安装界面

(a)

(b)

图 5-66　安装配置界面

在启动的时候会弹出图 5-68 所示界面。

点击“Cancel”，进入 AS 的安装向导界面（如图 5-69 所示）。

点击“Next”进入 UI 主题的选择界面，可以选择自己喜欢的风格，这里选择 Darcula 风格，如图 5-70 所示。

这里需要指定 SDK 的本地路径。如果之前电脑中已经存在 SDK，可以指定该路径，后续就可以不用下载SDK；此处演示本地没有安装过SDK的场景，需要指定一个后续保存 SDK 的路径。如图 5-71 所示。

图 5-67 Android Studio 启动界面

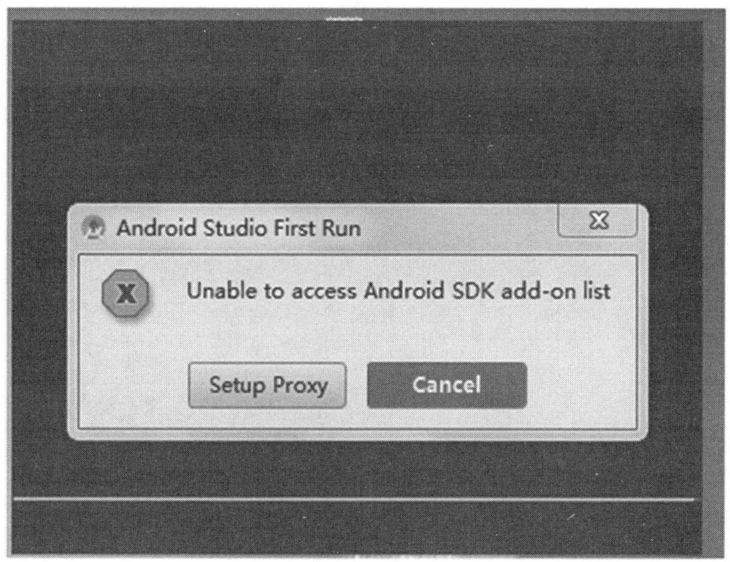

图 5-68 安装提示界面

④ 点击 Finish 后 [见图 5-71（c）]，开始自动下载 SDK（注意，此时需要保证电脑联网），安装过程如图 5-72 所示。

下载完成 SDK 后，点击“Finish”进入 AS 的欢迎界面。

这样 Android Studio 的安装就完成了。

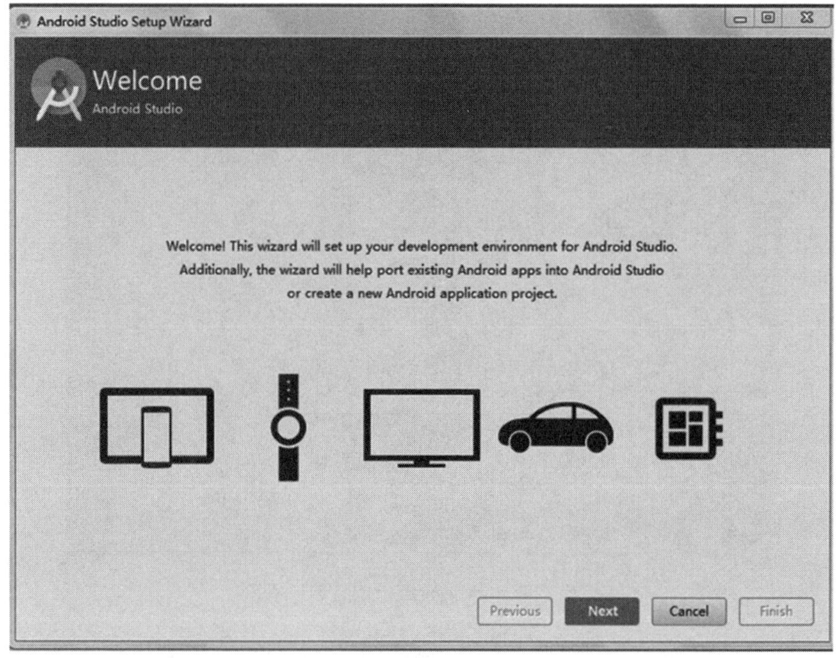

图 5-69　安装向导界面

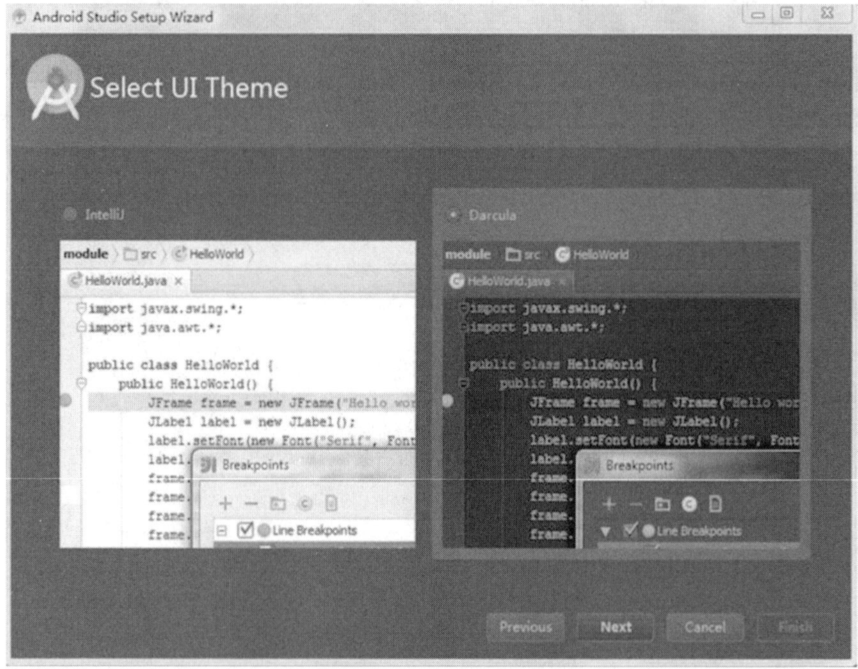

图 5-70　UI 界面选择

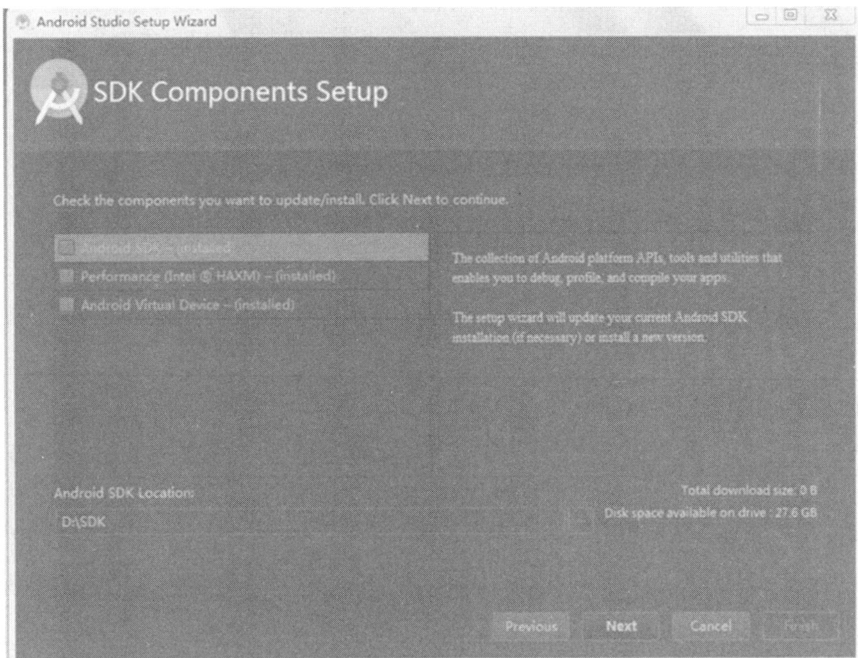
Android Studio Setup Wizard
SDK Components Setup
Check the components you want to update/install. Click Next to continue.
Performance (Intel ® HAXM) – (installed)
Android Virtual Device – (installed)
The collection of Android platform APIs, tools and utilities that enables you to debug, profile, and compile your apps.
The setup wizard will update your current Android SDK installation (if necessary) or install a new version.
Android SDK Location:
D:\SDK
Total download size: 0 B
Disk space available on drive : 27.6 GB
Previous
Next
Cancel

(a)

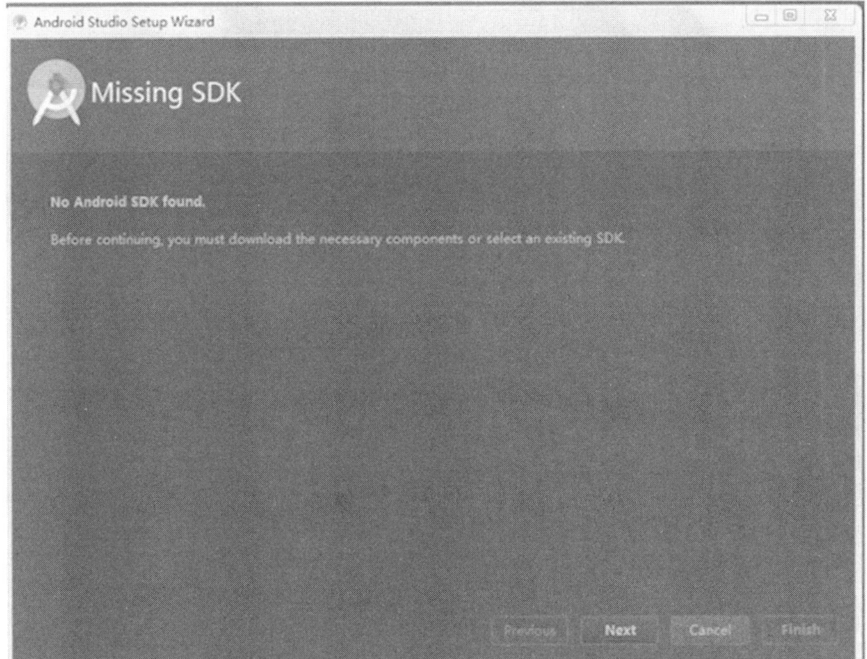
Android Studio Setup Wizard
Missing SDK
No Android SDK found.
Before continuing, you must download the necessary components or select an existing SDK.
Next
Cancel
Finish

(b)

图 5-71

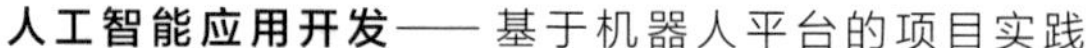

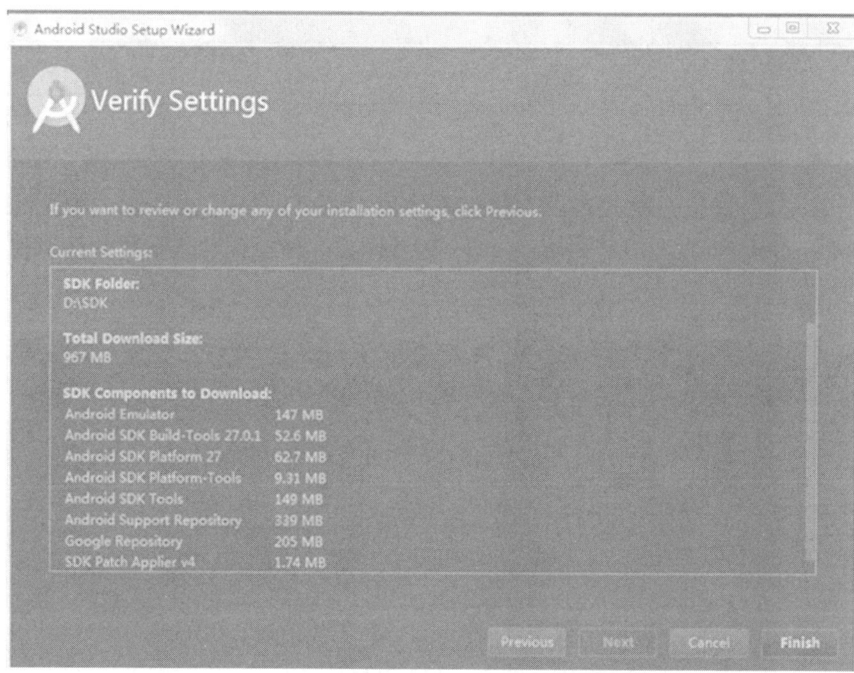

(c)

图 5-71 选择 SDK 安装位置

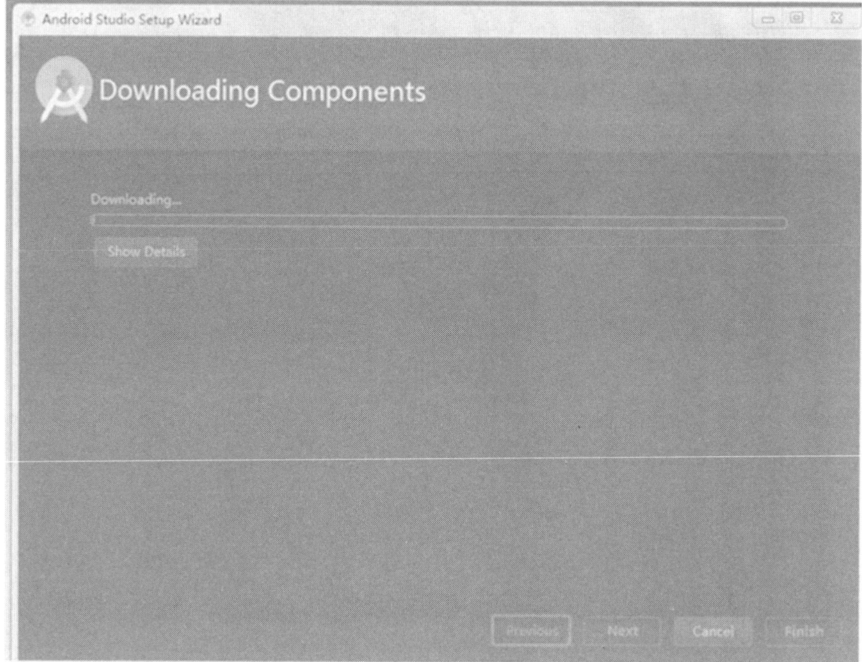

(a) 自动下载 SDK 界面

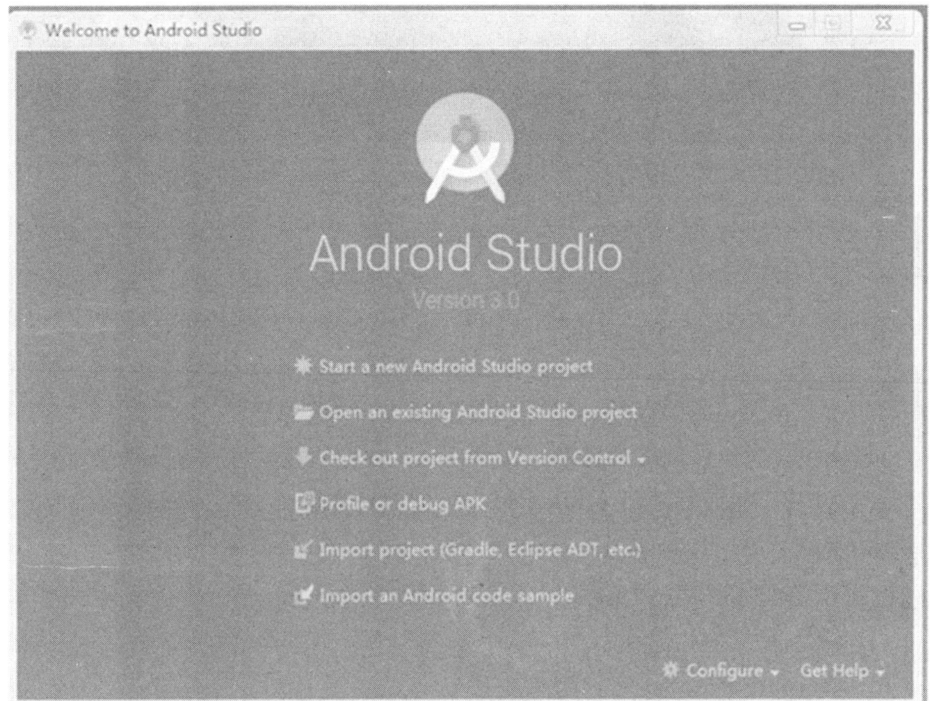

(b) 选择 SDK 安装位置

图 5-72　下载 SDK

（4）树莓派智能车服务端开发语言及开发工具简介

树莓派智能车服务端程序用 Python 语言编写完成，所用的 Python 版本为 Python3。

Python 是一种解释性的高级编程语言，正因为 Python 是一种解释性语言，所以 Python 强调代码的可读性和语法的简洁性，这也是 Python 语言最突出的特点，特别是使用空格缩进替代大括号或关键词来进行代码块的划分，更体现了 Python 是一种解释性语言。

使用 Git Bash 软件实现对小车的交叉编译。Git Bash 是 Windows 下的命令行工具。

（5）Python 开发软件下载

① 先到 Python 的官方网站下载软件。打开官网后，选择 Downlads 项目，然后选择需要下载的版本（如图 5-73 所示）。

图 5-73　Python 下载界面（1）

② 选择完版本后，进入下一个页面（如图 5-74 所示），在这个页面可以选择操作系统及对应的版本注意区分电脑是 64 位还是 32 位版本。

图 5-74　Python 下载界面（2）

选择安装用户。选择 Install for all users 就可以，如图 5-75 所示。

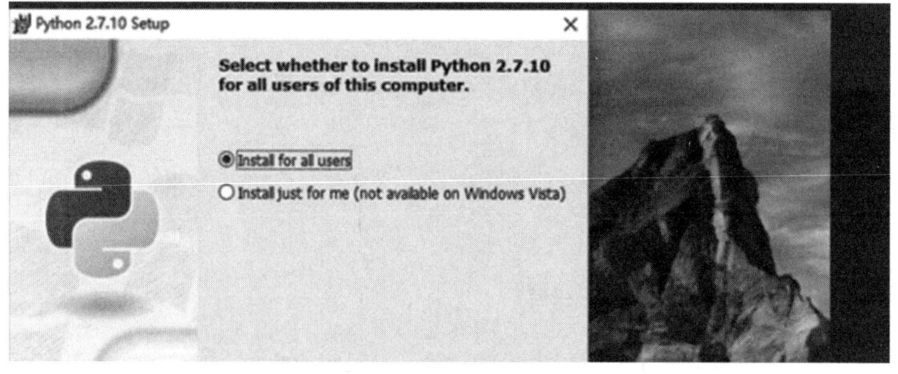

图 5-75　Python 安装界面（1）

下一步后是选择安装目录，如图 5-76 所示。

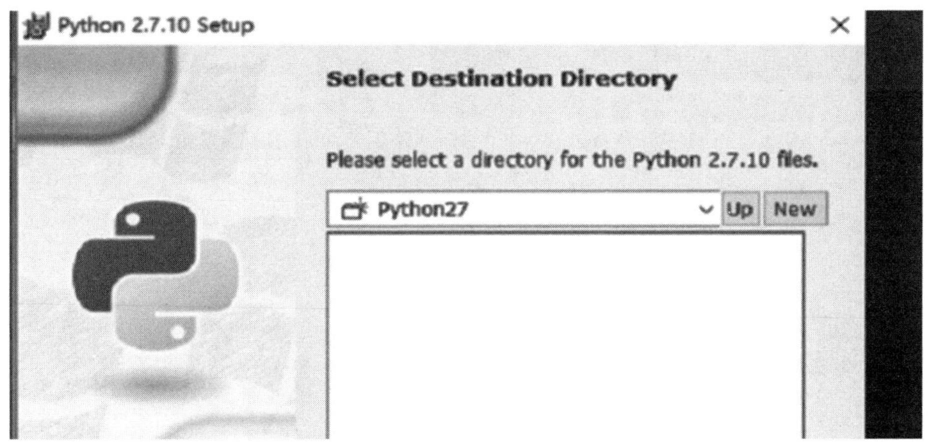

图 5-76 Python 安装界面（2）

Python 在安装过程中要执行一些脚本，因此需要至少有 system 的权限才可以安装。安装完后就可以直接使用。如图 5-77 所示。

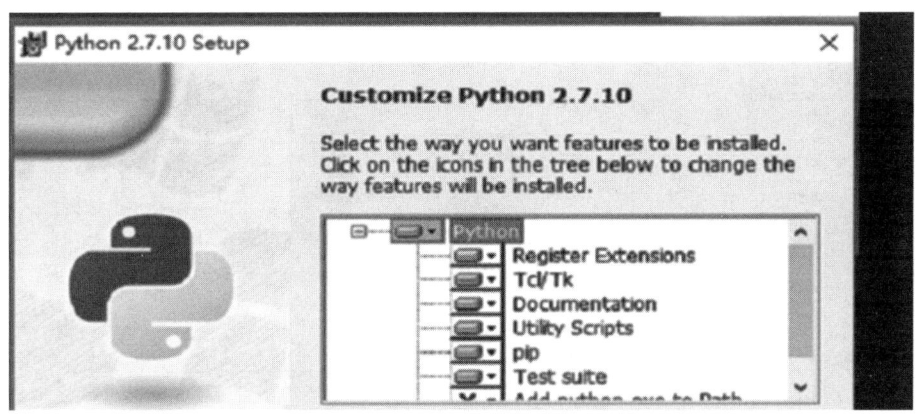

图 5-77 Python 安装界面（3）

（6）Git Bash 下载与安装

① 打开浏览器进入 Git 官网，如图 5-78 所示。

② 点击里面的“Download 2.17.1 for Windows”跳转到下载页面等待下载即可，现在最新版本为 2.17.1。下载界面如图 5-79 所示。

③ 这里根据电脑操作系统位数，下载相应的安装包。本次下载的安装包为 Git-2.10.2-64-bit.exe。

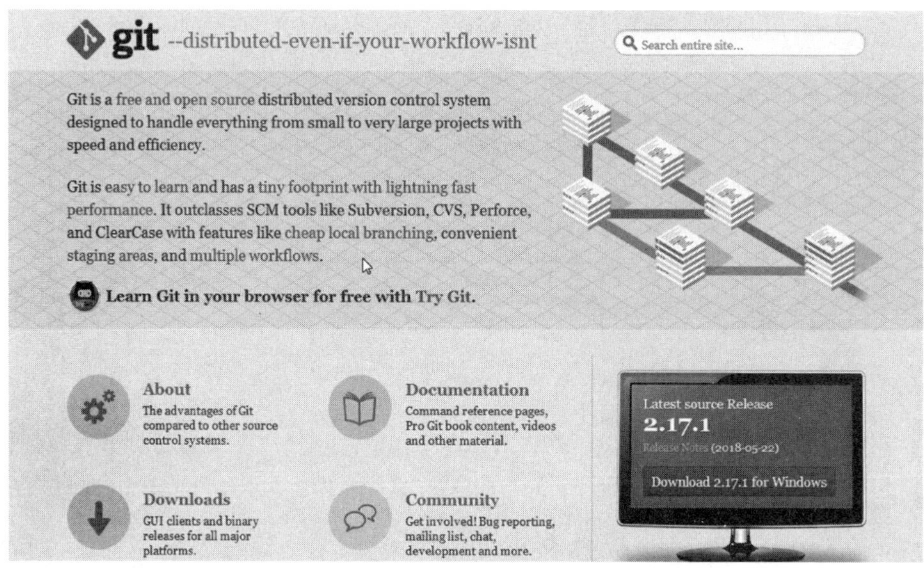

图 5-78　GitBash 官网界面

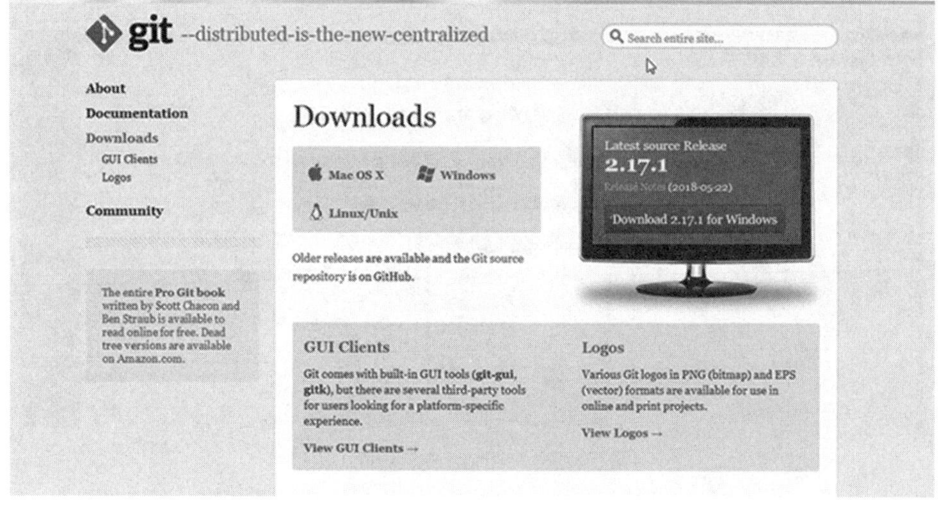

图 5-79　GitBash 下载界面

④ 双击安装程序“Git-2.10.2-64-bit.exe”，显示截图如图 5-80 所示。

⑤ 点击“Next”（见图 5-80），根据自己的情况，选择程序的安装目录。显示截图如图 5-81 所示。

⑥ 继续点击“Next”（见图 5-81）。选择添加桌面图标。

图标组件：选择是否创建桌面快捷方式。

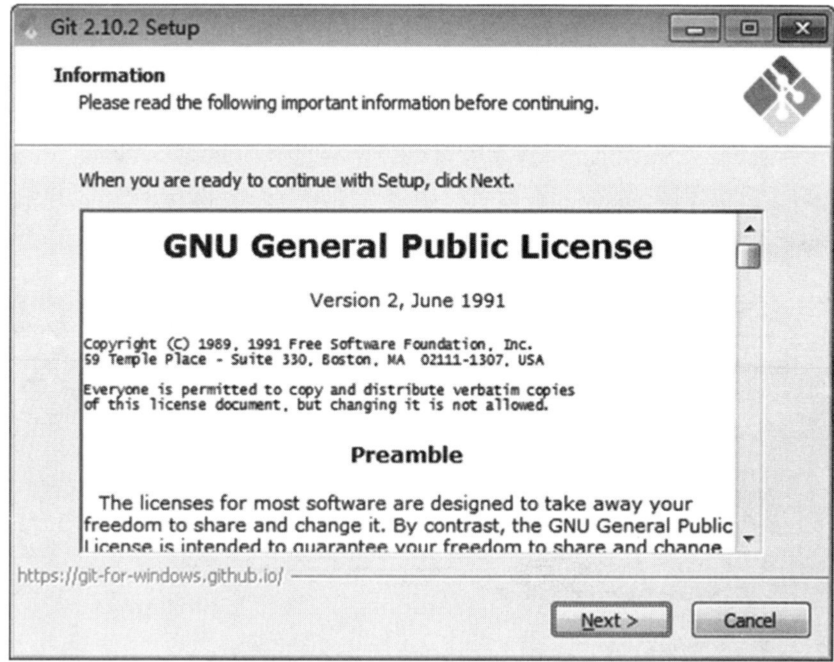

图 5-80　GitBash 安装界面（1）

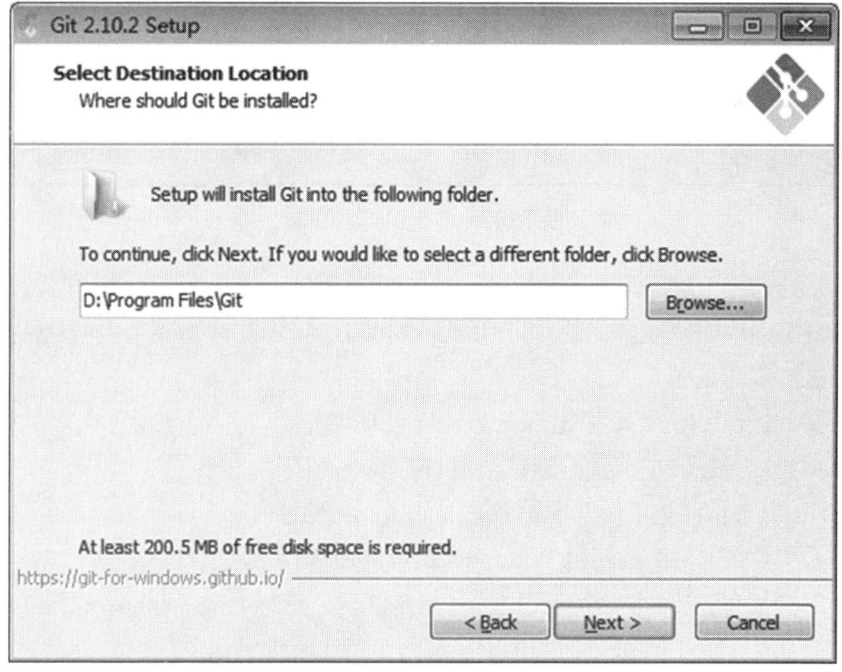

图 5-81　GitBash 安装界面（2）

桌面浏览：浏览源码的方法，使用 bash 或者使用 Git GUI 工具。

关联配置文件：是否关联 git 配置文件，该配置文件主要显示文本编辑器的样式。

关联 shell 脚本文件：是否关联 Bash 命令行执行的脚本文件。

使用 TrueType 编码：在命令行中是否使用 TruthType 编码，该编码是微软和苹果公司制定的通用编码。安装如图 5-82 所示。

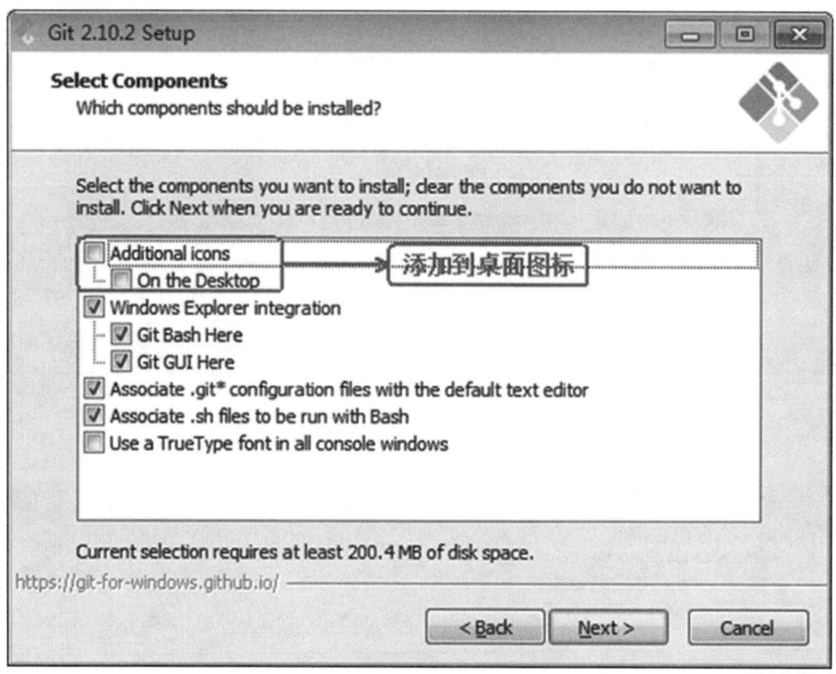

图 5-82　选择添加桌面图标

⑦ 选择完之后，点击“Next”（见图 5-82），开始菜单快捷方式目录：设置开始菜单中快捷方式的目录名称，也可以选择不在开始菜单中创建快捷方式。显示截图见图 5-83。

⑧ 点击“Next”（见图 5-83），设置环境变量。选择使用什么样的命令行工具呢？一般情况下我们默认使用 Git Bash 即可。

Git 自带：使用 Git 自带的 Git Bash 命令行工具。

系统自带 CMD：使用 Windows 系统的命令行工具。

二者都有：上面二者同时配置，但是注意，这样会将 windows 中的 find.exe 和 sort.exe 工具覆盖，如果不了解命令行工具细节请勿选择。显示截图如图 5-84 所示。

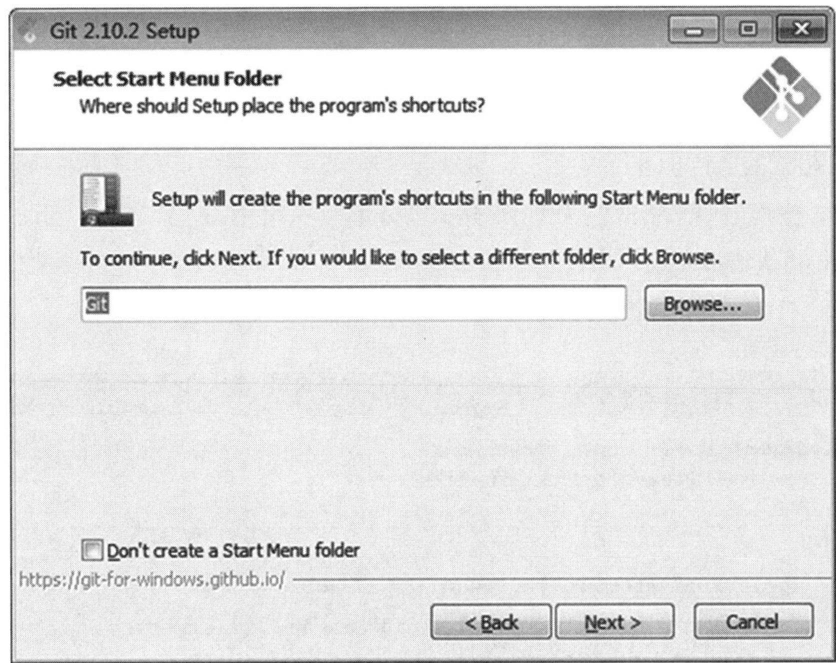

图 5-83　设置快捷方式

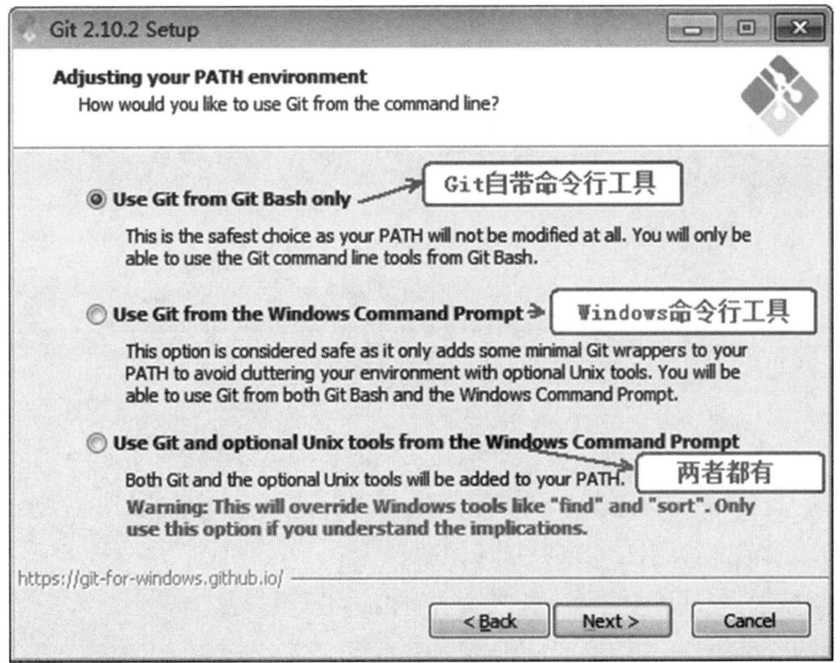

图 5-84　设置环境变量

⑨ 选择之后，继续点击“Next”（见图 5-84）。选择提交时候的换行格式（见图 5-85）：

a. 检查出 Windows 格式转换为 Unix 格式：将 Windows 格式的换行转为 Unix 格式的换行再进行提交。

b. 检查出原来格式转为 Unix 格式：不管什么格式，一律转为 Unix 格式的换行再进行提交。

c. 不进行格式转换：不进行转换，检查出什么，就提交什么。

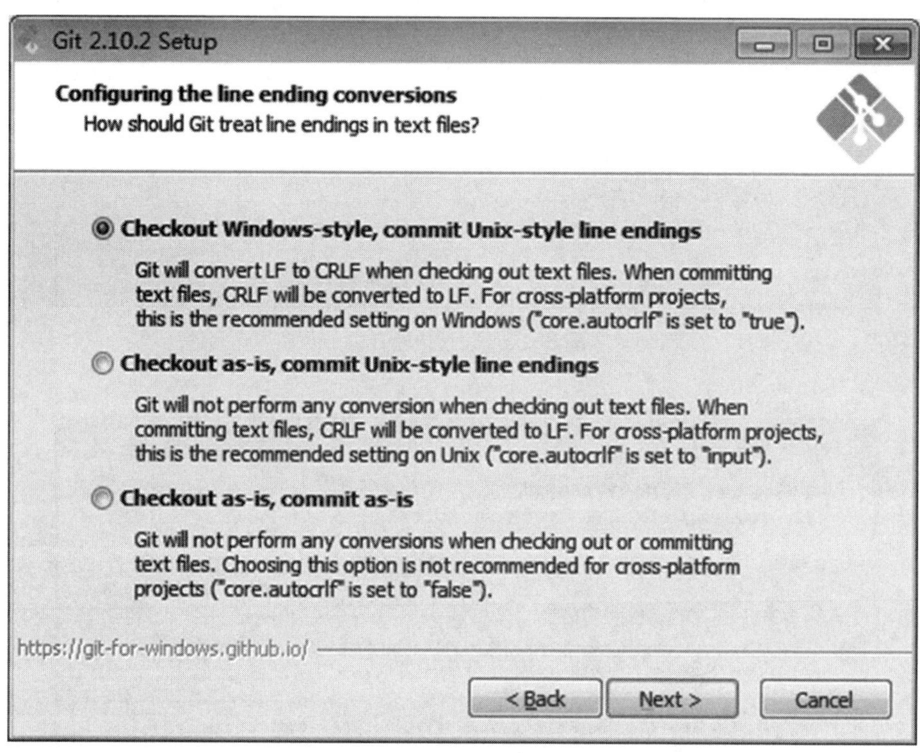

图 5-85 设置文件提交格式

⑩ 选择之后，点击“Next”（见图 5-85），显示截图如图 5-86 所示。

⑪ 选择之后，再点击“Next”（见图 5-86），显示截图如图 5-87 所示。

⑫ 选择之后，点击“Install”（见图 5-87），开始安装。

⑬ 安装完成后，进行最后一步设置，在命令行输入：

```
$ git config --global user.name "Your Name"
$ git config --global user.email "email@example.com"
```

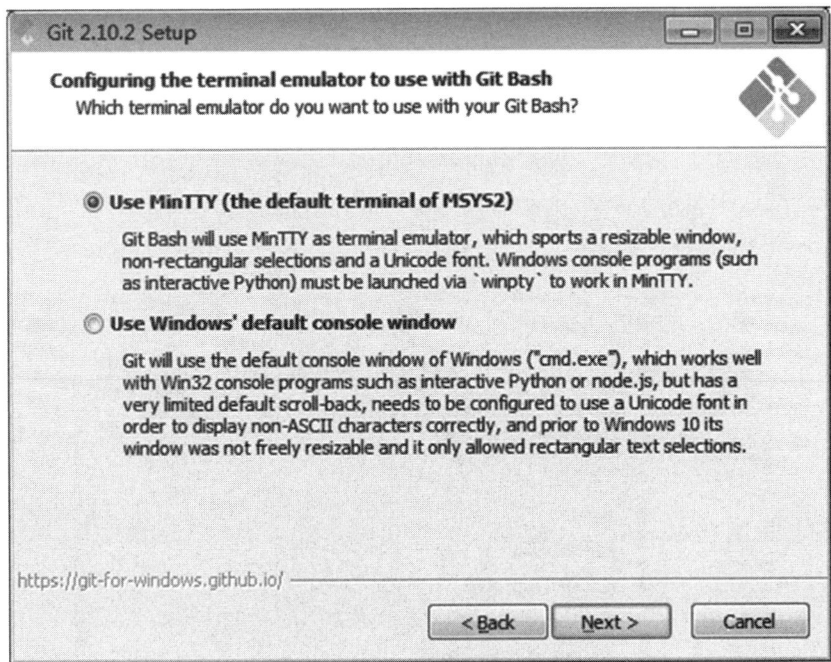

图 5-86　安装界面点击 Next

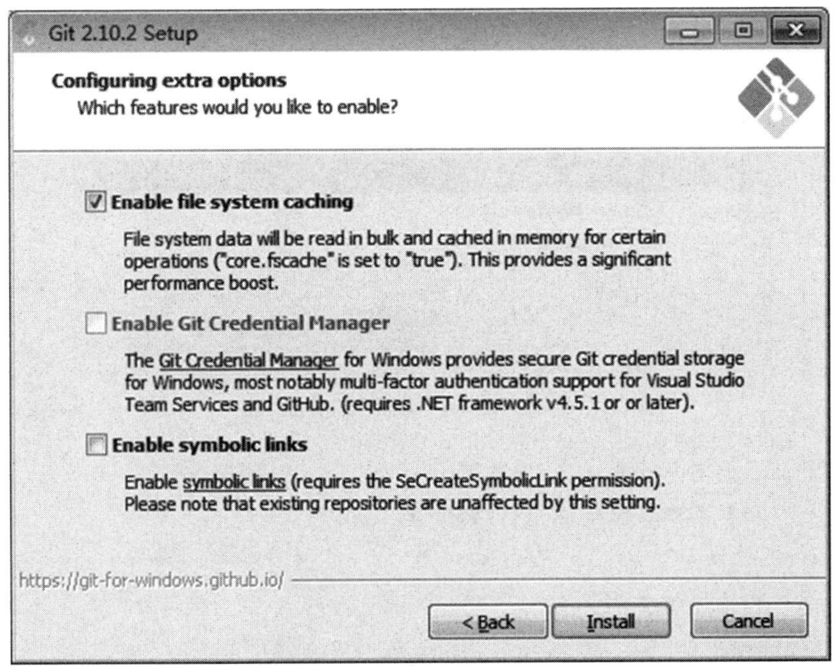

图 5-87　安装界面点击 Install

5.5.6 语音识别应用开发实例

(1)手机客户端安装

① 运行手机客户端。首先通过 File → Open 打开完成的手机客户端项目，如图 5-88 所示。

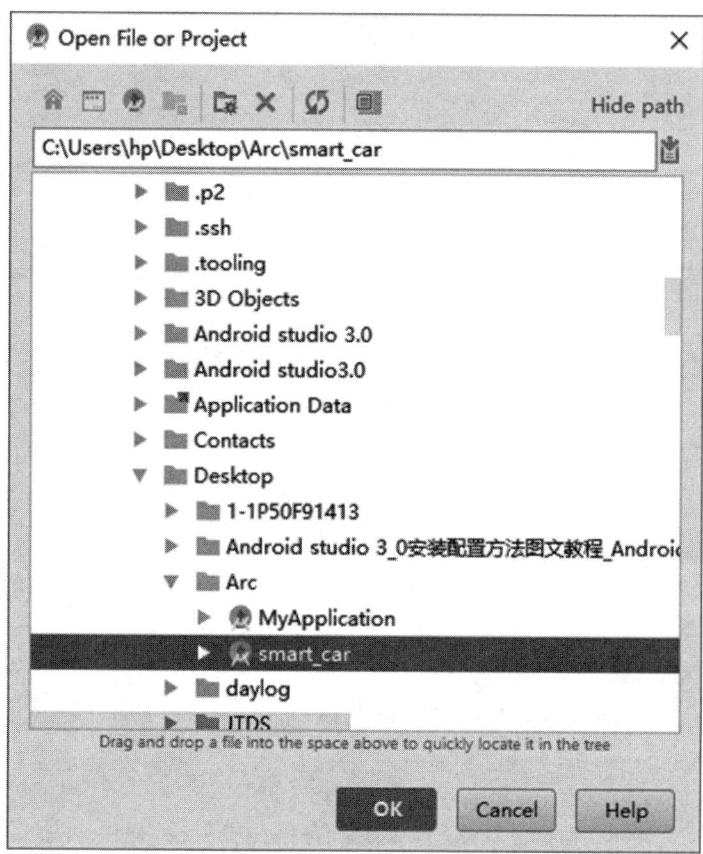

图 5-88 打开项目文件界面

② 然后点击 Build → Build APK(s)。如图 5-89 所示。

③ 这时右下角会显示创建 APK 文件，如图 5-90 所示。

④ 然后选择“locate”(见图 5-90)，就可以找到生成的 APK 文件，APK 文件目录如图 5-91 所示。

⑤ 这时就可以将 app-debug.apk 文件发送到手机上进行调试。

⑥ 通过网络传输等方式进行传输，然后进行安装。

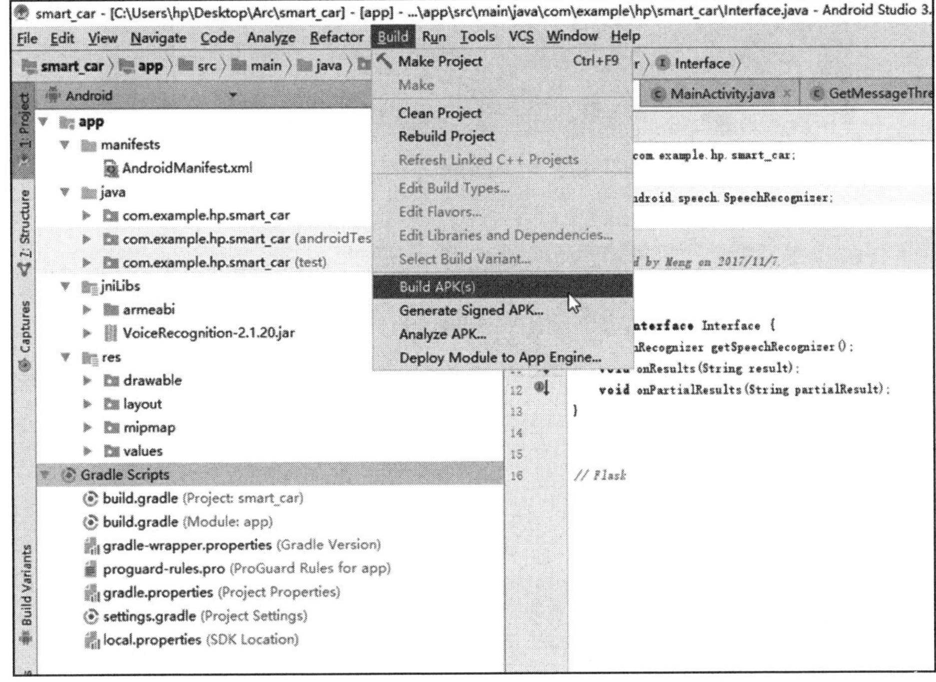

图 5-89　Build APK 界面

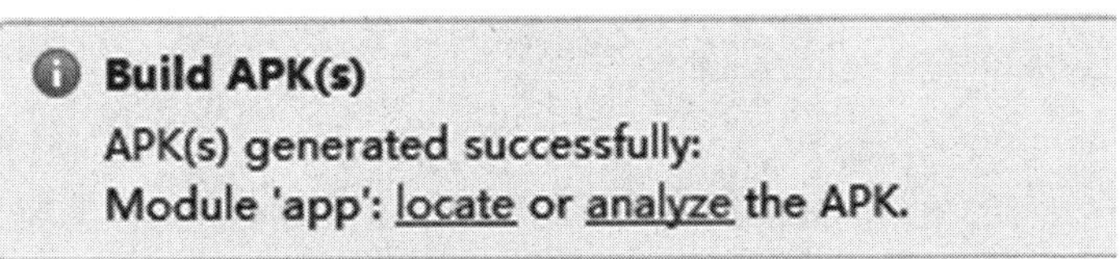

图 5-90　Build APK 提示界面

名称	修改日期	类型	大小
app-debug.apk	2018/6/2 11:54	APK 文件	4,038 KB
output.json	2018/6/2 11:54	JSON File	1 KB

图 5-91　APK 文件目录

（2）树莓派小车服务端安装

① 首先打开树莓派小车开关，然后电脑连接小车 WiFi。如图 5-92 所示。

② 打开 Git Bash，先通过 scp 命令将桌面的小车服务端程序拷贝到小车。如图 5-93 所示。

图 5-92 电脑连接小车 WiFi 界面

```
hp@     MINGW64 ~/Desktop
$ scp PythonRobot.py pi@192.168.12.1:/tmp/
pi@192.168.12.1's password:
PythonRobot.py                                100% 4132   518.4KB/s   00:00
```

图 5-93 运行 scp 命令界面

（3）语音控制小车

① 这时通过 ssh pi@192.168.12.1 命令远程登录小车，如图 5-94 所示。

```
hp@     MINGW64 ~/Desktop
$ ssh pi@192.168.12.1
pi@192.168.12.1's password:

The programs included with the Debian GNU/Linux system are free software;
the exact distribution terms for each program are described in the
individual files in /usr/share/doc/*/copyright.

Debian GNU/Linux comes with ABSOLUTELY NO WARRANTY, to the extent
permitted by applicable law.
Last login: Sat Aug 19 14:24:11 2017 from 192.168.12.189

SSH is enabled and the default password for the 'pi' user has not been changed.
This is a security risk - please login as the 'pi' user and type 'passwd' to set
 a new password.

pi@raspberrypi:~ $ |
```

图 5-94 ssh 登录小车命令界面

② 对拷贝的小车服务端文件进行查看，如图 5-95 所示。

```
pi@raspberrypi:~ $ cd /tmp
pi@raspberrypi:/tmp $ pwd
/tmp
pi@raspberrypi:/tmp $ ls
create_ap.812.lock
create_ap.all.lock
create_ap.common.conf
create_ap.wlan0.conf.wDgUub2N
dhcpcd-(null)
pulse-PKdhtXMmr18n
PythonRobot.py
ssh-aifyhP1MoCn9
ssh-KCMeAE1GCKWz
systemd-private-823df68c58034426b2e5b7b2e5ac9b7b-rtkit-daemon.service-Kfu6iD
```

图 5-95 拷贝小车服务端文件界面

③ 运行小车服务端程序：sudo Python3 PythonRobot.py。如图 5-96 所示。

```
pi@raspberrypi:/tmp $ sudo python3 PythonRobot.py
thread new
wait for connecting...
```

图 5-96　运行程序命令界面

④ 手机关闭数据流量，打开 WiFi，连接小车 WiFi 热点。然后打开手机客户端，会与小车自动建立 socket 连接，连接成功后的显示如图 5-97 所示。

```
pi@raspberrypi:~ $ sudo python3 PythonRobot.py
thread new
wait for connecting...
...connected from  ('192.168.12.1', 8688)
```

图 5-97　小车连接成功界面

⑤ 打开数据流量，就可以通过手机客户端进行语音控制，如图 5-98 所示。

⑥ 打开手机端程序对小车进行控制，目前支持的语音命令为：前进、后退、左转、右转、停止。如图 5-99 所示。

图 5-98　打开数据流量界面

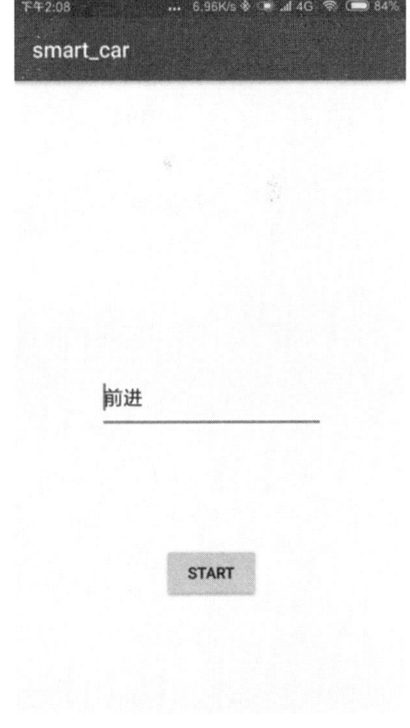

图 5-99　手机程序运行界面

第 6 章

基于脑机接口的智能车控制

思维导图

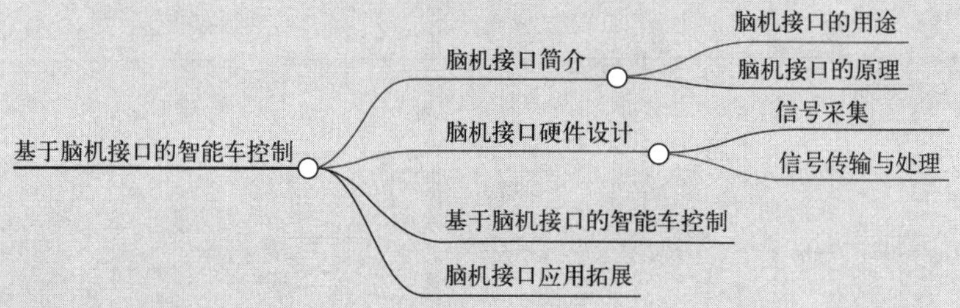

脑机接口（Brain-Computer Interface，BCI）是一种建立在人类或动物脑部（或脑细胞培养物）与外部设备之间的直接连接通路。尽管目前大多数脑机接口仍处于实验室研究阶段，可应用性较为有限，但本章采用了基本的脑机接口技术成功实现了智能车的控制，为对脑机接口感兴趣的读者提供了创新开拓的思路。

6.1 脑机接口简介

脑机接口是一种直接连接有机生命形式的脑或神经系统与处理或计算设备的通路，其中的“脑”并不仅限于“brain”，它可以包括动物或其他有机生命形式的大脑。脑机接口的研究已经持续了超过 40 年。自 20 世纪 90 年代中期以来，通过实验得出的结论使得该技术取得了显著的发展。基于多年的动物实验基础，早期的植入式设备已经被设计和制造出来，用于恢复受损的听觉、视觉或肢体运动能力。脑机接口研究的核心是大脑非凡的皮层可塑性，它适应了脑机接口技术，使得我们可以像控制自然肢体一样控制植入的设备。在目前取得的技术和知识进展的基础上，脑机接口的先驱者们正努力开发增强人体功能的脑机接口，而不仅仅局限于恢复功能。这种技术曾经只存在于科幻小说中，如今正在逐渐成为现实。

6.1.1 脑机接口的用途

脑机接口大致可以分为侵入式和非侵入式两种类型。

侵入式脑机接口主要用于重建特殊感觉（如视觉）以及帮助瘫痪患者恢复运动功能。这类脑机接口通常直接植入大脑的灰质区域，因此所获取的神经信号质量较高。然而，侵入式脑机接口的缺点是易引发免疫反应和愈伤组织（瘢痕），从而导致信号质量的衰退甚至丧失。

非侵入式脑机接口获取的数据质量相对较差，但可以用于一些简单的操作，例如利用脑电信号控制灯的开关或做出简单的方向选择。

1978 年，一位盲人患者 Jerry 的视觉皮层被植入了 68 个电极的阵列。该脑机接口系统包括一个视频摄像机、信号处理设备和受控的皮层刺激电极。植入后，Jerry 能够在有限的视野内看到灰度调制的低分辨率、低刷新率的点阵

图像。该便携式视觉假体系统允许患者在无需医生或技师帮助的情况下独立使用。

2002 年，Jens Naumann 接受了 Dobelle 的第二代皮层视觉假体植入。第二代皮层视觉假体能更好地映射光幻视到视野，创造更稳定一致的视觉体验。该假体的光幻视点阵能够覆盖更大的视野。不久之后，Jens 就能够自主地在研究中心附近进行缓慢驾驶。

Philip Kennedy 和 Roy Bakay 在 Emory 大学率先将侵入式脑机接口植入人脑，以获取足够高质量的神经信号来模拟运动。他们的患者 Johnny Ray 患有脑干中风导致的锁闭综合征，但通过脑机接口，Johnny Ray 学会了用该接口来控制电脑光标。

2020 年 8 月，马斯克展示了 Neuralink 公司的脑机接口技术。他们在活猪身上演示了对猪行为轨迹的精准预测。

2021 年 4 月，Neuralink 展示了一只猴子使用意念玩《Pong》游戏的情景。这只猴子的大脑中成功植入了脑机接口，通过脑电波控制球拍。大脑中的设备记录了猴子玩游戏时神经元放电的信息，学习并预测它将做出的动作。

可见，脑机接口研究具有广阔的前景，它不仅在残疾人康复和老年人护理方面具有显著优势，而且在军事、人工智能、娱乐等领域也有广泛的应用潜力。

6.1.2 脑机接口的原理

在脑机接口中，通过检测大脑神经系统的电活动变化，可以捕获到动作意图的特征信号。这种变化可以在受试者接收外界刺激后或产生动作意识和实际执行动作之间发生。脑机接口系统一般包括脑电信号采集、脑电信号预处理、脑电特征提取与分类以及实际应用等功能模块。

在本教程中，采用非侵入式的脑机接口技术，即采用头皮电极记录脑电图（EEG）信号。脑电图是通过记录脑细胞群的自发性、节律性电活动，将时间与电位关系记录下来的图像。常见的脑电图波形包括具有自发性、节律性的 α 波、β 波以及以 P300 为代表的事件相关电位（ERP）。

通过检测特定思维模式下波形频率的变化，可以识别出特定思维模式对应的波形。脑电波形的变化是基于相关的脑活动事件变化的，通过模式识别可以识别出相应的事件。在安静状态下，大脑皮层神经细胞会表现出持续的节律性电位改变，即自发脑电活动。自发脑电活动是指在没有特定外部刺激的条件下，大脑细胞本身产生的电活动。

传统上，对脑电图的波形进行分类是基于频率的不同而人工进行划分。通常来说，频率较慢的波形具有较大的振幅，而频率较快的波形具有较小的振幅。常见的脑电波包括以下几种：

① α 波（Alpha 波）：频率范围为 8 ~ 13Hz。在健康人的脑电图中，α 波是主要的成分之一。它通常在觉醒的安静闭眼状态下出现，位于顶枕区域。α 波呈正弦波形，具有平均振幅约为 30 ~ 50μV。当人进入睡眠状态时，α 波会完全消失。

② β 波（Beta波）：频率范围为 14 ~ 30 Hz。β 波在整个大脑中广泛分布，尤其在额叶和中央区域最为显著。它与精神紧张和情绪激动有关，通常在压力和紧张状态下增强。光刺激可以抑制 β 波的活动。

③ θ 波（Theta 波）：频率范围为 4 ~ 7 Hz。θ 波在脑电图中表现为两侧对称、主要位于颞叶的波形。它通常在困倦状态下出现，是中枢神经系统抑制状态的表现。在健康成人的脑电图中，只会散发地出现少量的 θ 波。然而，在儿童脑电图中，θ 波是主要的成分之一。

④ δ 波（Delta 波）：频率范围为 0.5 ~ 4 Hz。δ 波主要出现在熟睡、婴儿以及严重的脑部疾病患者中。它的幅值约为 100μV。δ 波仅能在大脑皮层内发生，不受低级脑区神经的控制。

⑤ γ 波（Gamma 波）：频率范围为 30 ~ 60 Hz。γ 波的波幅较低，在额区和前中央区域最为明显。γ 波与感知、注意、记忆和意识等高级脑功能有关。

这些波形的特征在不同的情境和状况下会有所变化，因此分析脑电图可以提供关于大脑活动状态和功能的信息。脑机接口技术利用这些波形的变化来识别特定的思维模式和动作意图，并将其转化为实际的动作执行。

6.2 脑机接口硬件设计

脑机接口应用系统的硬件包括信号采集设备、脑电信号传输与处理设备以及输出控制设备等。其中，脑机信号采集设备采用 NeuroSky 公司生产的 TGAM（ThinkGear Asic Module）PCB 模块，可实现基本的脑电信号的单向采集与传输。TGAM 模块通过蓝牙串口通信将采集到的数据传输到上位机 PC 中，进行信号的解析与处理。PC 机与智能车之间通过 WiFi 进行连接，通

过 Socket 网络通信方式向智能车发布命令，实现智能车的运动控制。系统架构如图 6-1 所示。

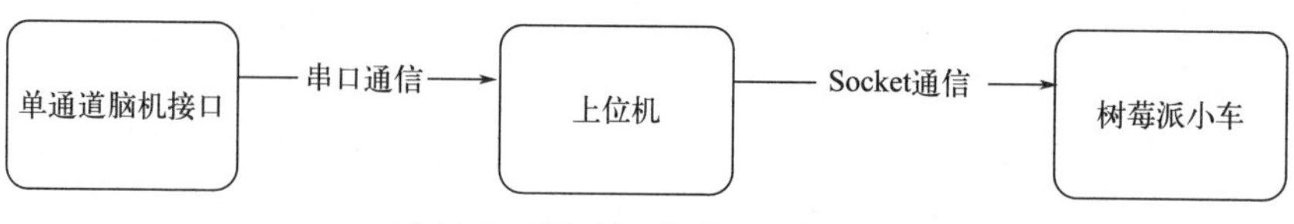

图 6-1　脑机接口智能车系统架构

6.2.1　信号采集

为了进行脑电信号的采集，采用了干接触的导联生物电极和加粗屏蔽芯线作为信号前段传输的载体。由于脑电信号的幅值在微伏级别，特别容易受到眼电、心电等信号的干扰。因此，在信号采集过程中，采用了贴在前额的三导联生物电极，其中一个作为参考点，以进行相应的滤波处理。

在信号传输过程中，采用了加粗屏蔽芯线，将初步放大的脑电信号传输到 TGAM 模块（ThinkGear Asic Module）。TGAM 模块具有滤波和放大功能，通过在前端模拟电路中进行多级放大，并使用无源滤波网络和多个有源滤波器对信号进行滤波和调理。此外，还加入了电平抬升电路和电极连接状态检测电路，以确保信号的稳定性和准确性。

最后，经过滤波、放大和调理处理的脑电信号被转换为数字信号，并通过蓝牙模块进行串口数据的发送。整个信号采集模块的示意图如图 6-2 所示。

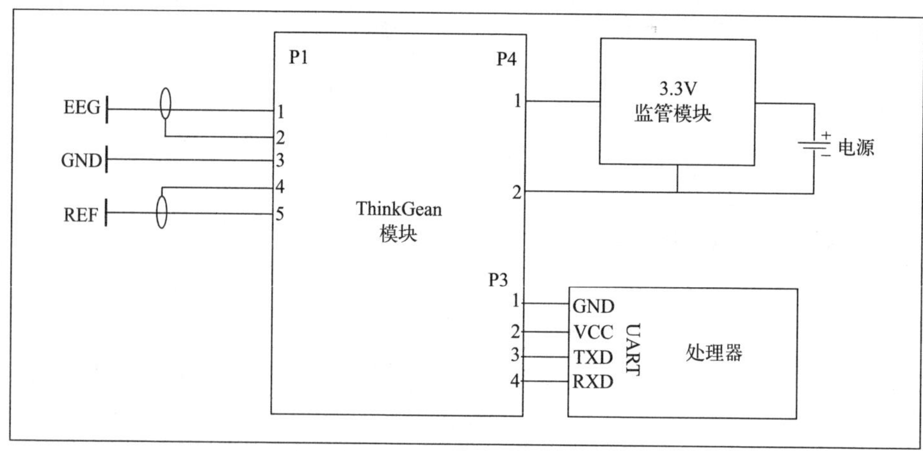

图 6-2　信号采集模块示意图

在系统设计中，为了满足 TGAM 模块的供电电压范围（1.8 ~ 3.6V），需要使用电压稳压源将 +5V 的电源转换成 +3.3V，这样可以确保 TGAM 模块在适当的电压范围内正常工作。为了提供稳定的电源供应，并减少噪声对系统的影响，电源模块设计中使用了电解电容进行滤波。电解电容在每个电源模块的输出端起到滤波作用，去除电源中的高频噪声和纹波，保证供电的稳定性和可靠性。电源模块设计电路如图 6-3 所示。

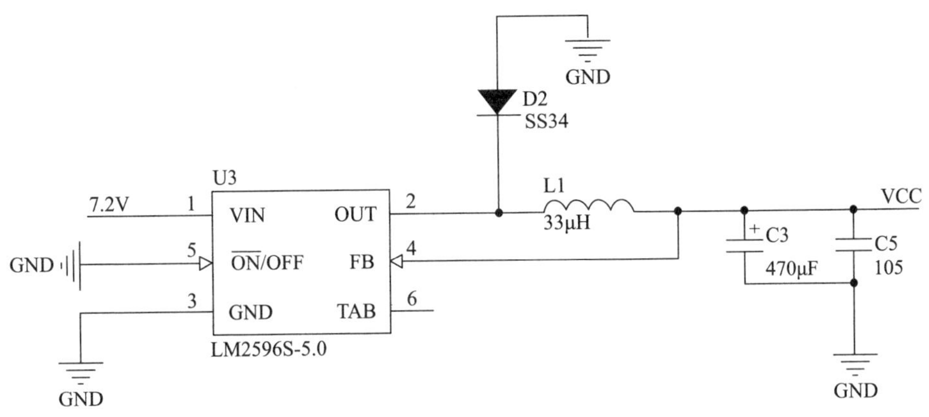

图 6-3　电源模块设计电路

6.2.2　信号传输与处理

TGAM 模块的通信波特率为 57600bps，并采用了特定的发包形式，即 512 个小包和 1 个大包。整个数据传输过程大约需要 1s。

在小包中，包含了脑电的原始数据。这些原始数据是由 TGAM 模块采集的脑电信号信息，可以用于后续的信号处理和分析。

而在大包中，包含了脑电的信号强度、专注度、放松度等数据。这些数据是通过 TGAM 模块处理和计算得到的，可以提供有关脑电活动的额外信息。

通过这种发包形式，系统可以每秒钟获取一次包含原始数据和附加信息的脑电数据。这样的数据传输方式可以满足脑机接口系统对实时性和数据完整性的要求。

具体的通信数据包格式和内容可以参考图 6-4，它展示了小包和大包的结构以及包含的脑电数据的示例。在实际应用中，可以根据具体需求和协议定义适合的数据包格式和数据内容，以满足系统的功能和性能要求。

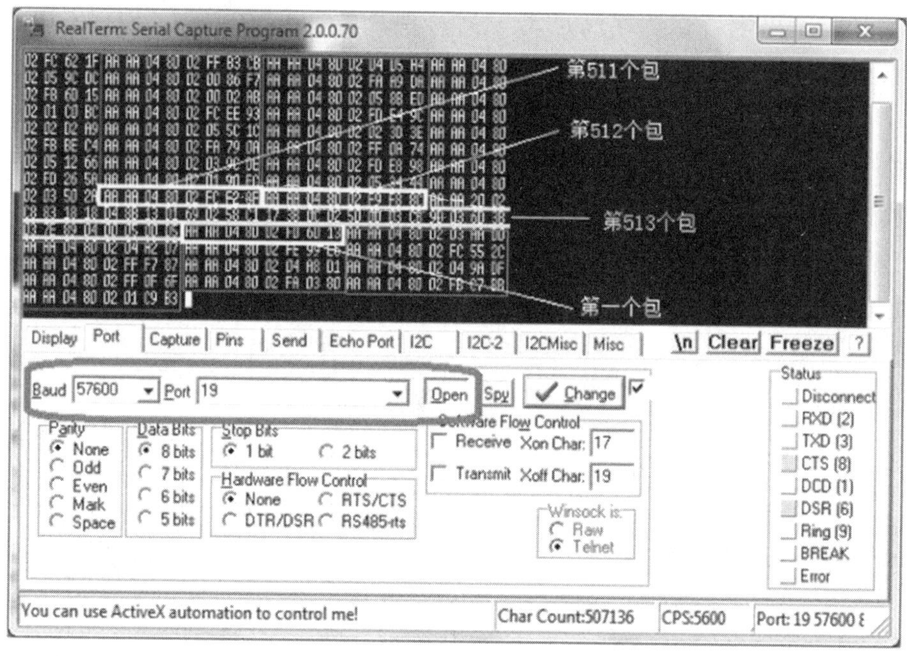

图 6-4 串口通信收到的数据包

小包格式：AA AA 04 80 02 xxHigh xxLow xxCheckSum

大包格式：

［01］ AA 同步

［02］ AA 同步

［03］ 20 是十进制的 32，即有 32 个字节的 payload，除掉 20 本身 + 两个 AA 同步 + 最后校验和

［04］ 02 代表信号值 Signal

［05］ C8 信号的值

［06］ 83 代表 EEG Power 开始

［07］ 18 是十进制的 24，说明 EEG Power 是由 24 个字节组成的，以下每三个字节为一组

［08］ xx Delta 1/3

［09］ xx Delta 2/3

［10］ xx Delta 3/3

［11］ xx Theta 1/3

［12］ xx Theta 2/3

［13］ xx Theta 3/3

[14] xx LowAlpha 1/3
[15] xx LowAlpha 2/3
[16] xx LowAlpha 3/3
[17] xx HighAlpha 1/3
[18] xx HighAlpha 2/3
[19] xx HighAlpha 3/3
[20] xx LowBeta 1/3
[21] xx LowBeta 2/3
[22] xx LowBeta 3/3
[23] xx HighBeta 1/3
[24] xx HighBeta 2/3
[25] xx HighBeta 3/3
[26] xx LowGamma 1/3
[27] xx LowGamma 2/3
[28] xx LowGamma 3/3
[29] xx MiddleGamma 1/3
[30] xx MiddleGamma 2/3
[31] xx MiddleGamma 3/3
[32] xx 代表专注度 Attention
[33] xx Attention 的值（0 ~ 100）
[34] xx 代表放松度 Meditation
[35] xx Meditation 的值（0 ~ 100）
[36] XX 校验和

通过解包获得的脑电信号经过放大和滤波处理后，可以利用 Python 搭建 TensorFlow 环境，对信号进行特征提取和分类识别。其中，可以使用皮尔逊学习网络来自动学习适应特定信号的最优基的权重大小，实现对脑电信号的实时、精确分类识别。

在进行 EEG 信号采集过程中，总体和样本的皮尔逊系数的绝对值通常小于或等于 1。如果样本数据点准确地落在一条直线上（计算样本皮尔逊系数的情况），或者双变量分布完全在一条直线上（计算总体皮尔逊系数的情况），则相关系数等于 1 或 -1。皮尔逊系数是对称的，具有一个重要的数学特性，即它对于位置和尺度的变化是不变的，即使变量经过线性变换（由常数因子确定），相关系数也不会改变。

由于皮尔逊相关系数具有一定的数学特性，因此可以采用以下公式来计算相关系数：

$$corr(X,Y)=corr(Y,X) \tag{6-1}$$

由于

$$\boldsymbol{\mu}_X=E(X) \tag{6-2}$$

$$\boldsymbol{\sigma}_X^2=E[(X-E(X)^2)]=E[X^2]-E^2(X) \tag{6-3}$$

Y 也类似，并且

$$E[(X-E(X))(Y-E(Y))]=E(XY)-E(X)E(Y) \tag{6-4}$$

故相关系数也可以表示成

$$\boldsymbol{\rho}_{X,Y}=\frac{E(XY)-E(X)E(Y)}{\sqrt{E(X^2)-(E(X))^2}\ \sqrt{E(Y^2)-(E(Y))^2}} \tag{6-5}$$

对于样本皮尔逊相关系数：

$$r_{x,y}=\frac{\sum x_i y_i-n\bar{x}\,\bar{y}}{(n-1)s_x s_y}-\frac{n\sum x_i y_i-\sum x_i\sum y_i}{\sqrt{n\sum x_i^2-(\sum x_i)^2}\ \sqrt{n\sum y_i^2-(\sum y_i)^2}} \tag{6-6}$$

上述公式提供了计算样本皮尔逊相关系数的简单的流程算法。然而，由于其依赖于所涉及的数据，有时它可能在数值上不稳定。因此，可以基于皮尔逊相关系数采用有监督学习的方式，通过学习特定的目标波形，自适应地学习出受试者最佳适应波形，从而确定特征波形。

同时，还开发了相应的脑电信号可视化软件平台，使得信号在处理过程中能够及时显示，方便实验人员观测和分析。这个平台可以提供实时的信号显示功能，以辅助研究人员进行实时的信号分析和可视化展示。

6.3 基于脑机接口的智能车控制

通过解包获得的脑电信号中包含原始数据以及放松度、专注度等相关数据。通过对这些数据进行绘图，可以得到类似于图 6-5 所示的波形图。

下面的示例程序利用放松度数据值实现智能车的控制。当设备使用者闭眼放松时，当放松度指标达到一定数值后，智能车将启动；而当阅读文字等资料时，放松度下降，智能车将停止。

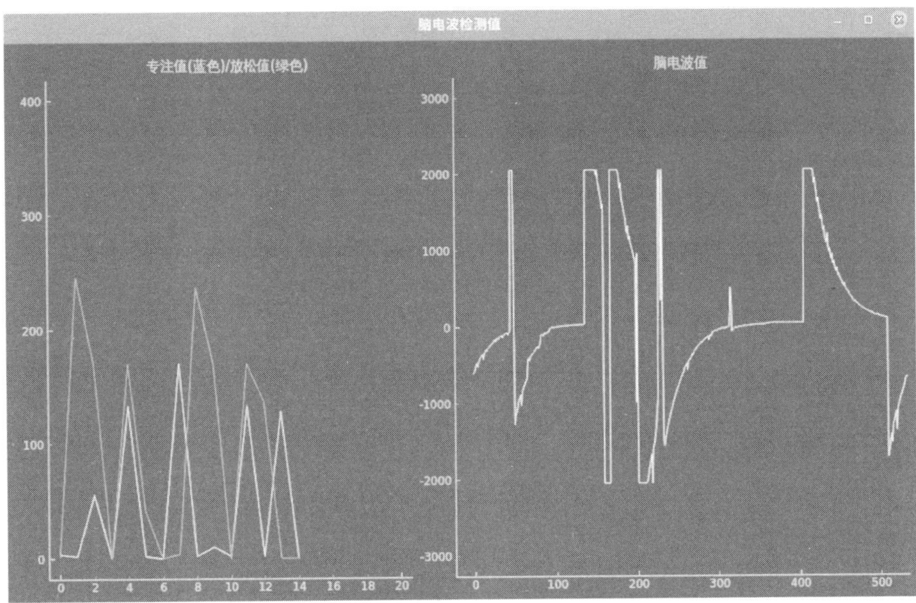

图 6-5　利用解包得到的数据进行绘图

（1）电脑端代码：

```
import threading
import serial
import pyqtgraph as pg
import socket
import time

from pyqtgraph.Qt import QtGui, QtCore
data = []
data2 = []
data3 = []
#socket 的 HOST、PORT
HOST='192.168.10.1'
PORT=8001
# 解包 self.port 请根据电脑系统以及实际情况设置
class EEGThread (threading.Thread):
        def __init__(self,parent=None):
            super(EEGThread, self).__init__(parent)
            self.port="/dev/ttyACM0"
            self.bps=57600
```

```
            self.vaul=[]

        def run(self):
            global data,data2,data3

            try:
                t=serial.Serial(self.port,self.bps)
                b=t.read(3)
                print(b)
                while b[0]!=170 or b[1]!=170 or b[2]!=4:
                    b=t.read(3)
                if b[0]==b[1]==170 and b[2]==4:
                    a=b+t.read(5)
                    if a[0]==170 and a[1]==170 and a[2]==4 and a[3]==128 and
a[4]==2:
                        while 1:
                            try:
                                a=t.read(8)
#小包
                                if a[0] == 170 and a[1] == 170 and a[2] == 4
and a[3] == 128 and a[4] == 2:

                                    high = a[5]
                                    low = a[6]
                                    rawdata = (high << 8) | low
                                    if rawdata > 32768:
                                        rawdata = rawdata - 65536
                                    sum = ((0x80 + 0x02 + high + low) ^ 0xff-
ffffff) & 0xff

                                    if sum == a[7]:
                                        #self.vaul.append(rawdata)
                                        data.append(rawdata)
                                        if len(data)>600:
                                            data=data[30:]
#大包
                                elif a[0] == a[1] == 170 and a[2] == 32:
                                    print('big')
                                    #data = self.vaul
                                    c = a + t.read(28)
                                    data2.append(c[32])
```

```
                        if len(data2)>20:
                            data2=data2[19:]
                        data3.append(c[34])

                        if len(data3) > 20:
                            data3 = data3[19:]
                    else:
                        b=t.read(3)
                        while b[0]!=170 or b[1]!=170 or b[2]!=4:
                            b=t.read(3)
                        if b[0]==b[1]==170 and b[2]==4:
                            a=b+t.read(5)


                except Exception as e:
                    sse=1

        except Exception as e:
                sse=1



# 图形化显示数据
class ShowThread(threading.Thread):
        def __init__(self,parent=None):


            super(ShowThread, self).__init__(parent)
            self.is_started = threading.Event()
            self.win = pg.GraphicsWindow(title=" 脑电波 ")
            self.win.resize(1000, 600)
            self.win.setWindowTitle(' 脑电波检测值 ')

            pg.setConfigOptions(antialias=True)

            self.p2 = self.win.addPlot(title=" 专注值（蓝色）/ 放松值（绿色）")
            self.p2.setYRange(0,400)
            self.p2.setXRange(0,20)
            self.p6 = self.win.addPlot(title=" 脑电波值 ")
# 设置 x 轴、y 轴数值
```

```
            self.p6.setYRange(-3000,3000)
            self.p6.setXRange(0,512)
            self.curve = self.p6.plot(pen='y')

            self.curve2 = self.p2.plot(pen=(0, 255, 0), name="放松值")
            self.curve3 = self.p2.plot(pen=(0, 0, 255), name="专注值")



            self.ptr = 0
            self.ptr2 = 0

        def run(self):
            # 与树莓派 socket 通信
            s = socket.socket(socket.AF_INET, socket.SOCK_STREAM)
            s.connect((HOST, PORT))
            time.sleep(2)
# 开始发送 S 让智能车静止
            s.send(b'S')
            print (s.recv(1024).decode())
            while True:
                self.curve.setData(data)
                self.curve2.setData(data2)
                self.curve3.setData(data3)
                self.is_started.wait(timeout=0.2)
                  # 如果电脑开始接收到数据
                if len(data2) >0:
                # 当放松度小于 50 智能车静止
                    if data2[-1]<50:
                        print(0)
                        s.send(b'S')
                  # 当放松度大于 50 智能车跑动
                    if data2[-1]>=50:
                        print(1)
                        s.send(b'r')


if __name__ == '__main__':
      eeg=EEGThread()
      eeg.start()
      show = ShowThread()
```

```
    show.start()
    QtGui.QApplication.instance().exec_()
```

（2）树莓派端 socket 代码：

```
import socket
import time
import os
HOST= '192.168.10.1'
PORT=8001
s=socket.socket()
s.bind((HOST,PORT))
s.listen(2)
while True:
    c,a=s.accept()
    try:
        c.settimeout(10)
        buf=c.recv(1024)
        if buf:
            c.send(b'connection built')
            print('connection built')
            while 1:
                buf=c.recv(1024)
                print(buf)
                if buf=='L':
                    os.system("python control.py 'L'")

                if buf=='R':
                    os.system("python control.py 'R'")

                if buf=='S':
                    os.system("python control.py 'S'")

                if buf=='r':
                    os.system("python control.py 'r'")
    except socket.timeout:
        print('time out')
    c.close()
```

（3）树莓派端控制代码

```
import RPi.GPIO as gpio
import sys
arg1=sys.argv[1]
gpio.setwarnings(False)
def init():
    gpio.setmode(gpio.BOARD)
    gpio.setup(12,gpio.OUT)
    gpio.setup(18,gpio.OUT)

def left():
    init()
    gpio.output(18,True)


def right():
    init()
    gpio.output(12,True)

def stop():
    init()
    gpio.output(12,False)
    gpio.output(18,False)

if __name__=='__main__':
    if arg1=='L':
        stop()
        left()
    if arg1=='R':
        stop()
        right()
    if arg1=='S':
        stop()
    if arg1=='r':
        left()
        right()
```

当然读者也可以增加其他功能。读者可以利用这些数据进行深度学习检测眨眼信号，或者利用专注度探索出更多的功能。

6.4 脑机接口应用拓展

本书所使用的是单通道脑机接口设备，因此其能够获取的数据有限。如果读者希望获得更准确的数据，可以考虑使用多通道脑电帽，如图 6-6 所示。多通道脑电帽可以检测到更多类型的脑电波，例如方向意图等，从而可以开发出更多种类的应用，如脑机接口轮椅、脑机接口机械臂等。

除了本书提供的脑机接口资料，网络上还有许多开源资料可供参考。其中一个值得推荐的是 OpenBCI，如图 6-7 所示。OpenBCI 提供了开源的脑电帽 3D 打印设计和配套的电路板图纸，使人们能够自行制作脑机接口设备。另外，PuzzleBox 也是一个优秀的资源，提供了几个实践方案供学习和使用。

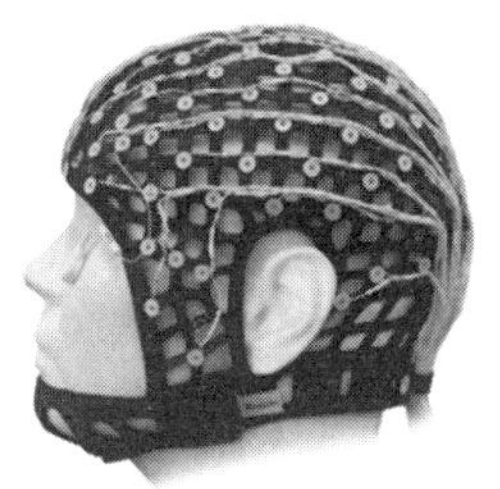

图 6-6　多通道脑电帽

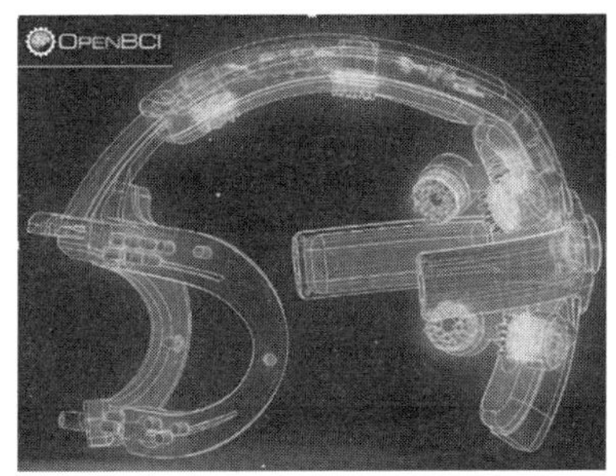

图 6-7　OpenBCI 脑电帽

参考文献

[1] 中国电子学会. 新一代人工智能发展白皮书［J/OL］, CIE 智库, 2018.

[2] 杨文桥，郑力新. 浅谈机器视觉［J］. 现代计算机，2020：66-69，76.

[3] 张彦奎. 机器视觉综述［J］. 三门峡职业技术学院学报，2010（z1）：17-19.

[4] 郭静，罗华，张涛. 机器视觉与应用［J］. 电子科技，2014，27（7）：185-188.

[5] 阿普夫·米什拉，马骁骁. 机器视觉［J］. 环球科学，2017，10（12）：27.

[6] 张春刚，甘龙. 智能语音提示技术在数字万用表的应用研究［J］. 数字技术与应用，2020，38（05）：43-44.

[7] 邵建勋，倪俊杰. 带你了解语音识别技术［J］. 中国信息技术教育，2021（21）：75-79.

[8] 马勋，周长胜，吕学强，等. 基于 SAO 结构的非分类关系抽取研究［J］. 计算机工程与应用，2018，54（08）：220-225，235.

[9] 麻妙玲，戴敏，孟丹阳，等. 基于高斯混合模型的标准心电波形筛选［J］. 天津理工大学学报，2018，34（05）：20-24.

[10] 王荣良. 计算思维教育中的情境创设与模型建立［J］. 中国信息技术教育，2021（21）：39-42，79.

[11] 李登峰，王雷鸣，徐雪洁. 基于云平台的自然语言识别系统的设计［J］. 信息技术，2017（11）：117-120.

[12] 刘新玉，王东云，谢行. 课堂教学中脑机接口技术应用瓶颈与前景［J］. 教育生物学杂志，2021，9（05）：418-423.

[13] 邓彬，孔万增，曾虹，等. 基于脑机接口的嵌入式康复器械系统［J］. 杭州电子科技大学学报（自然科学版），2018，38（03）：49-52，87.

[14] 尧俊瑜. 嵌入式脑机接口系统的研究［D］. 成都：西华大学学报，2018，107（05）：44-50.

[15] KubaM，Kubov á Z，Kreml á ?ek J，et al. Motion-onsetVEPs：characteristics，methods，and diagnostic use［J］. Vision Research，2007，47（2）.

[16] 邹凌，吴帆，毕卉，等. 基于皮尔逊最优电极选择的 ADHD 患者脑电特征提取及分类研究［J］. 图学学报，2020，41（03）：417-423.

[17] Abdulhamit Subasi，M. Ismail Gursoy：EEG signal classification using PCA，ICA，LDA and support vector machines［J］.Expert Systems With Applications，2010（12）：29-34.